ÉTUDE

SUR LES

ÉCOLES DE COMMERCE

EN ALLEMAGNE, EN AUTRICHE-HONGRIE,
EN BELGIQUE, EN DANEMARK, EN ITALIE, EN ROUMANIE,
EN RUSSIE, EN SUÈDE, EN SUISSE

(L'Europe moins la France)

ET

AUX ÉTATS-UNIS D'AMÉRIQUE

PAR MM.

Ed. JOURDAN ET **G. DUMONT**

Ingénieur des Arts et Manufactures,
Directeur de l'École des Hautes Études Commerciales,
Membre du Conseil supérieur de l'Enseignement technique.

Ingénieur des Arts et Manufactures,
Professeur à l'École des Hautes Études Commerciales,
Inspecteur principal aux Chemins de fer de l'Est.

PARIS
LIBRAIRIE H. LE SOUDIER
174, BOULEVARD SAINT-GERMAIN, 174

1886

ÉTUDE

SUR LES

ÉCOLES DE COMMERCE

8°V
864

ÉTUDE

SUR LES

ÉCOLES DE COMMERCE

EN ALLEMAGNE, EN AUTRICHE-HONGRIE,

EN BELGIQUE, EN DANEMARK, EN ITALIE, EN ROUMANIE,

EN RUSSIE, EN SUÈDE, EN SUISSE

(L'Europe moins la France)

ET

AUX ÉTATS-UNIS D'AMÉRIQUE

PAR MM.

Ed. JOURDAN   ET   **G. DUMONT**

Ingénieur des Arts et Manufactures,   Ingénieur des Arts et Manufactures,
Directeur de l'École des Hautes Études Commerciales, Professeur à l'École des Hautes Études Commerciales,
Membre du Conseil supérieur de l'Enseignement technique. Inspecteur principal aux Chemins de fer de l'Est.

PARIS

LIBRAIRIE H. LE SOUDIER

174, BOULEVARD SAINT-GERMAIN, 174

—

1886

PRÉFACE

Avant d'aborder notre « Étude sur l'Enseignement Commercial dans les divers pays d'Europe *(autres que la France)* et aux États-Unis d'Amérique, » nous croyons devoir faire connaître brièvement au lecteur, le plan suivant lequel notre travail a été conçu.

Nous avons étudié successivement l'Enseignement Commercial en Allemagne, en Autriche, en Belgique, en Danemark, en Roumanie, en Russie, en Suède et Norvège, en Suisse, et enfin aux États-Unis d'Amérique.

Dans de très courtes notices, nous avons tout d'abord indiqué le système d'enseignement national de chaque pays, en faisant ressortir l'état actuel de l'*enseignement commercial* proprement dit.

Puis, nous avons classé les Écoles de Commerce en quatre catégories bien distinctes, qui sont les suivantes :

.I. — Écoles de Commerce dont le diplôme donne droit au volontariat d'un an.

II. — Gymnases et Écoles Réales avec Divisions spéciales pour le Commerce, et dont le diplôme donne droit au volontariat d'un an.

III. — Écoles de Commerce, avec ou sans Division spéciale pour les apprentis de Commerce (cours du matin et cours du soir), dont le diplôme ne donne pas droit au volontariat d'un an.

IV. — Écoles et cours de Commerce spécialement destinés aux apprentis de Commerce.

Quant aux monographies, elles ont été contrôlées par MM. les Directeurs des Écoles décrites, et elles contiennent chacune :

1º La date de fondation ; les noms ou la raison sociale des fondateurs ;

2º La durée des Études ; les matières enseignées dans chaque classe et le temps qui leur est consacré ;

3º Le nombre des élèves ; les âges d'entrée et de sortie. (Exercice scolaire 1885-1886) ;

4º Le montant de la rétribution scolaire ;

5º Les subventions que chaque École reçoit ; son budget, et le mode de paiement de son loyer.

Au moment où l'on se préoccupe d'organiser définitivement l'Enseignement commercial et industriel en France, et à la veille du vote de la nouvelle loi militaire, qui touche de si près à nos intérêts commerciaux, nous croyons que notre travail sera de quelque utilité à MM. les Sénateurs, les Députés, les Membres des Chambres de Commerce, et aussi à tous ceux qui ont le souci du relèvement de notre Commerce national.

Enfin, nous ne saurions terminer cette courte préface sans adresser nos sincères remerciements à la Direction de la « France Commerciale, Industrielle et Agricole », qui nous a donné la plus gracieuse hospitalité pour la publication des monographies concernant les Écoles de Commerce d'Allemagne. La grande publicité dont jouit cette Revue, en France et à l'Étranger, nous a valu de la part des Consuls et des Directeurs d'Écoles, de nombreuses communications, qui nous ont été très précieuses pour notre Étude.

Ed. JOURDAN.   G. DUMONT.

Paris, le 25 avril 1886.

ÉTUDE

ÉCOLES DE COMMERCE

———∽∾∾∾———

ALLEMAGNE

L'Allemagne possède un système d'instruction publique très complet. C'est à juste titre qu'on vante notamment l'organisation de son enseignement commercial et qu'on attribue à la supériorité de cet enseignement le développement considérable pris par l'industrie et le commerce allemands, depuis une quinzaine d'années.

Aujourd'hui, on se préoccupe avec raison, non seulement en France, mais encore dans les autres pays européens et même en Amérique, de l'envahissement du commerce et de l'industrie nationale par les Allemands, et il n'est pas douteux que, si bon nombre de nos négociants et de nos industriels occupent des employés de cette nationalité, c'est que ces employés leur rendent des services réels.

Nous nous proposons ici d'étudier l'organisation de l'instruction commerciale chez des concurrents redoutables, afin de pouvoir comparer les résultats obtenus en Allemagne avec ce qui a été réalisé en France depuis 1870; mais nous ne saurions présenter cette étude avec clarté, si nous ne la faisions précéder d'un exposé sommaire du système général de l'instruction publique en Allemagne.

1

Au bas de l'échelle, nous trouvons: les *salles d'asile* ou *écoles gardiennes*, pour les enfants de deux à six ans: les *écoles primaires* ou *élémentaires* dont la fréquentation est obligatoire pour les enfants ayant atteint l'âge de six ans; les *écoles bourgeoises* qui continuent l'enseignement de l'école primaire, et qui peuvent conduire les élèves jusqu'à l'âge de quinze ou seize ans.

Après avoir parcouru plus ou moins complètement ces différentes étapes, l'enfant doit choisir sa carrière, car il se présente pour lui plusieurs routes différentes.

Les jeunes gens qui aspirent aux professions libérales entrent dans les *progymnases* ou dans les *gymnases*, c'est-à-dire dans des établissements d'enseignement secondaire classique qui correspondent à nos collèges et à nos lycées; ils y apprennent la littérature et les langues anciennes. Au sortir du gymnase, les élèves sont en mesure de suivre les cours des *Universités* ou *Facultés* qui sont fort nombreuses et très importantes en Allemagne. Ces Facultés ont toutes, le droit de conférer les grades universitaires.

Les jeunes gens qui se préparent au commerce ou à l'industrie, et ceux qui désirent entrer dans les administrations, trouvent dans les *Realschulen* qu'on désigne ordinairement en France sous le nom d'*Écoles réales* ([1]), un enseignement plus approprié à la vie pratique. Le programme des études de ces établissements scolaires est plus scientifique et moins littéraire que celui des gymnases. L'étude des langues étrangères y est très développée, et dans quelques-unes de ces écoles, on y consacre jusqu'à huit heures par semaine! Les examens de sortie répondent, à la fois, à ceux du baccalauréat ès sciences et à ceux du baccalauréat de l'enseignement spécial. Enfin, dans les programmes, une part assez large est faite au développement des forces physiques.

Les *Realschulen*, qui sont aujourd'hui presque aussi nombreuses que les gymnases, et qui comptent un nombre d'élèves très considérable, datent du siècle dernier, si l'on remonte aux premiers essais; mais c'est seulement depuis 1830 qu'elles se sont constituées comme système scolaire et répandues dans toute l'Allemagne, parallèlement aux Gymnases.

_____

(1) Écoles qui donnent un enseignement *réel, pratique.*

On peut les diviser en deux catégories :

1° Les *Realschulen de premier ordre* ou Gymnases réals qui comprennent six classes et dans lesquels la durée de l'enseignement est de neuf années, comme dans les Gymnases. En Prusse, ces Realschulen s'appellent aussi *Realgymnasium.*

2° Les *Realschulen de deuxième ordre* qui comprennent cinq classes seulement, et dans lesquelles la durée de l'enseignement est de sept années.

Les matières professées dans ces établissements étaient au début : les *langues vivantes*, l'*histoire*, la *géographie*, les *mathématiques*, les *sciences naturelles*, le *dessin*, l'*écriture*, le *chant* et la *gymnastique*. On a reconnu ensuite la nécessité de créer des cours facultatifs de *latin*. Les trois premières années d'études sont employées à compléter les connaissances acquises dans les écoles primaires, et à préparer les élèves aux diverses écoles techniques, scientifiques ou littéraires. Pendant les six autres années, on reçoit un enseignement spécial. Les élèves qui subissent avec succès les examens de sortie ou même de passage, peuvent, suivant les écoles, être admis immédiatement dans certaines Administrations, ainsi que dans quelques Écoles du Gouvernement, et ils ont droit au *volontariat d'un an* dans l'armée allemande.

Les *Realschulen* sont, comme on le voit, des établissements qui peuvent être comparés au Collège Chaptal et aux Écoles primaires supérieures de Paris ; mais elles ne préparent à aucune profession particulière et ne répondent pas ainsi aux besoins tout à fait spéciaux d'une partie importante de la classe moyenne. On a donc été amené, en Allemagne, à créer dans un grand nombre de villes industrielles et commerçantes, des *Écoles de Commerce* donnant un enseignement tout à fait pratique. Cette tâche a été entreprise, tantôt par les Chambres de Commerce, tantôt par des corporations de négociants, tantôt enfin par des syndicats particuliers qui, presque toujours, reçoivent des subventions des Chambres de Commerce et des Municipalités. Mais ce qu'il importe de faire remarquer, c'est que, si le Gouvernement allemand n'est pas intervenu directement dans la création de ces établissements scolaires qui se sont rapidement développés, grâce à l'initiative privée, il les soutient constamment par des subsides, et il leur donne un témoignage de son estime en leur accordant le droit de délivrer un diplôme valable pour le *volontariat d'un an*. Enfin, l'existence de ces Écoles est assurée, dès leur naissance, par les faveurs qu'elles obtiennent du Gouvernement ou des Municipalités qui leur donnent toujours *gratuitement* le *local*, et, le plus souvent, le *chauffage* et l'*éclairage*.

Parmi les Gymnases, les Realschulen et les Écoles industrielles, certains établissements ont été amenés à créer pour le Commerce, une division spéciale qui fonctionne à côté de la division industrielle.

Enfin, les *apprentis de commerce*, c'est-à-dire les jeunes gens qui sont déjà dans les affaires, peuvent acquérir les connaissances qui leur manquent, en suivant des cours professés dans des *Écoles spéciales de Commerce*, le matin avant dix heures et le soir après six heures.

Les matières enseignées aux apprentis de commerce sont : les *langues étrangères*, principalement l'*anglais* et le *français*; le *calcul*; la *science du commerce*; la *correspondance*; les *travaux de bureau* et la *tenue des livres*; la *calligraphie* la *géographie*; et l'*étude des marchandises*. La durée de ces cours varie de 2 à 4 ans et les apprentis de commerce reçoivent, à la fin de leurs études, des diplômes et des certificats.

Ces Écoles fort répandues, surtout en Saxe, se proposent exclusivement de compléter l'instruction des jeunes gens faisant leur apprentissage chez des patrons qui, le plus souvent, les nourrissent et les logent. Elles ont été fondées par des syndicats de négociants qui ont pris à leur charge les déficits annuels. Ces négociants imposent aux apprentis de commerce employés chez eux, l'obligation de suivre ces cours, et les élèves qui réussissent dans les examens de fin d'année, sont, de la part des patrons, l'objet de faveurs spéciales.

Telle est, à grands traits, en Allemagne, l'organisation de l'instruction publique et de l'enseignement commercial proprement dit.

Nous avons réuni des renseignements aussi complets que possible sur les principales Écoles de Commerce allemandes, et nous avons été amenés, en étudiant leurs programmes, à les classer en quatre catégories, savoir :

1° *Les Écoles de Commerce dont le diplôme donne droit au volontariat d'un an;*

2° *Les Gymnases, les Écoles réales et les Écoles techniques ayant une division spéciale pour le Commerce et qui délivrent un diplôme donnant droit au volontariat d'un an;*

3° *Les Écoles de Commerce avec ou sans division pour les apprentis de commerce, et dont le diplôme ne donne pas droit au volontariat d'un an;*

4° *Enfin, les Écoles et les Cours de commerce spécialement destinés aux apprentis qui sont déjà dans les affaires.*

Parmi les nombreuses Écoles de Commerce que possède l'Allemagne, dix-sept sont autorisées à délivrer un diplôme qui donne droit au *volontariat d'un an* dans l'armée allemande. Ces Écoles sont établies dans les villes suivantes : **Augsbourg, Berlin, Breslau, Brunswick, Chemnitz, Dantzig, Dresde, Erfurt, Géra, Leipzig, Mayence, Markbreit, Munich, Nuremberg, Osnabruck, Offenbach** et **Stuttgard.**

Les facultés enseignées le plus généralement dans ces écoles sont :

La *langue allemande* et les *langues étrangères;* l'*histoire* et la *géographie commerciales* ; la *comptabilité;* la *science du commerce :* les *mathématiques appliquées au commerce;* l'*étude des changes;* les *sciences physiques et naturelles* ; la *calligraphie;* le *dessin;* le *chant* et la *gymnastique.*

Dans quelques-unes de ces Écoles on enseigne aussi la *technologie,* l'*étude des marchandises,* et l'*économie politique.*

La plupart des Écoles de Commerce d'Allemagne peuvent être comparées à l'École commerciale de l'Avenue Trudaine et à nos établissements d'enseignement primaire supérieur de Paris (Écoles Turgot, Arago, J.-B. Say, etc.) avec cette différence, toutefois, que l'enseignement y est encore plus spécialement commercial et que les enfants n'y sont jamais admis, même dans les cours préparatoires, avant l'âge de douze ans.

Les élèves entrent, en général, dans les Écoles de Commerce au sortir de l'école primaire, c'est-à-dire vers l'âge de quatorze ans; et ils ont terminé leurs études vers 17, 18 et même 19 ou 20 ans. Ils sont généralement externes ; mais les directeurs se chargent de placer comme internes, chez des professeurs, les jeunes gens dont les familles ne résident pas dans la localité où se trouve l'École.

Dans un assez grand nombre d'Écoles, on a été conduit à créer, à côté de l'enseignement *normal* et *moyen*, ce que nous pourrions appeler un enseignement *inférieur préparatoire* et un enseignement tout à fait *supérieur*.

L'*enseignement inférieur préparatoire* s'adresse aux jeunes gens insuffisamment préparés pour suivre les cours normaux. Les Cours préparatoires sont très fréquentés et constituent la pépinière des classes normales.

L'*enseignement supérieur* s'adresse à la fois aux élèves qui, après avoir suivi les cours réguliers des Écoles de Commerce, désirent compléter leur instruction en acquérant des connaissances plus spéciales et plus étendues, et aux jeunes gens qui, sortant des Gymnases ou des Écoles réales, ont besoin de se mettre rapidement au courant des opérations de commerce. Les cours, dont la durée est d'un an, sont également suivis par les employés de commerce animés de l'ambition de s'élever à des positions supérieures.

Les cours supérieurs sont désignés sous les noms de *Cours de Hautes Études commerciales* ou de *Cours commercial spécial supérieur*; ils comprennent, outre l'étude des *langues* et des *littératures étrangères*, celle des *marchandises*, du *commerce*, de l'*économie politique*, de la *correspondance commerciale*, de la *comptabilité*, du *calcul commercial*, des *changes*, de la *géographie commerciale* et du *droit commercial*.

La lecture des renseignements relatifs aux grandes Écoles de Commerce de Leipzig et de Dresde, donne une idée très nette de l'enseignement commercial complet, tel que nous venons de le définir.

Conclusions. — Les conclusions qui se dégagent de cet exposé rapide peuvent se formuler comme suit :

En Allemagne, la plupart des jeunes gens peu fortunés ou appartenant à des familles se livrant au négoce, au lieu de consacrer de longues années aux études purement littéraires, préfèrent, avec raison, acquérir promptement, dans des établissements spéciaux, une instruc-

tion pratique qui leur permette de gagner leur vie et d'arriver, par
suite, sinon à la fortune, du moins à des situations bien rémunérées.
Cette tendance, qui s'est manifestée depuis de longues années, ne
fait que s'accentuer au fur et à mesure que la population augmente;
aussi, a-t-on été amené, en Allemagne, à créer un nombre considérable d'Écoles de Commerce pour les jeunes gens contraints
d'aller chercher à l'étranger des moyens d'existence qui leur font
défaut dans leur propre pays.

Les prérogatives attachées aux diplômes délivrés par ces Écoles,
telles que le droit au volontariat d'un an, et l'admission, sans
examens, dans certaines administrations publiques, ont contribué dans
une très large mesure à augmenter considérablement le nombre
des élèves des Écoles de Commerce.

Tous ces jeunes gens, ainsi préparés, n'ont jamais, au moins pour
les débuts, que des prétentions modestes. Ils savent fort bien qu'ils
auront à passer par tous les degrés de la hiérarchie industrielle et
commerciale avant d'arriver à des situations en vue; aussi, n'est-il
pas étonnant que le grand commerce tire parti de ces employés aptes
et laborieux qui vont ensuite le représenter dans toutes les parties
du monde.

On ne saurait méconnaître que la création de ce grand nombre
d'Écoles commerciales, due à l'initiative des Chambres de Commerce,
des Municipalités, des Corporations ou des associations de négociants,
est la principale cause de la prospérité commerciale de l'Allemagne.
Enfin, il faut aussi constater, comme nous l'avons fait précédemment, que si le Gouvernement allemand n'a pas pris une part directe
à cette œuvre, il lui a, du moins, apporté un concours précieux et un
encouragement efficace, en accordant aux jeunes gens diplômés de
certaines Écoles de Commerce, le droit au volontariat, et en éta-
blissant une sorte d'égalité entre l'enseignement commercial et celui
qui est donné dans les Gymnases et dans les Écoles réales.

Il n'est pas douteux que si nos Écoles de Commerce françaises
avaient été autorisées à délivrer un diplôme valable pour le volontariat d'un an, ces Écoles seraient aujourd'hui trop petites pour
contenir leurs élèves, alors qu'elles ont toutes les peines du monde
à se peupler et à vivre de leurs propres ressources!

Voici, d'ailleurs, un tableau qui indique quelles sont les voies nombreuses que peut suivre un jeune homme, en Allemagne, pour obtenir le certificat d'aptitude au volontariat d'un an.

On obtient le certificat d'aptitude au volontariat d'un an dans l'armée allemande :

A. En faisant la *2ᵐᵉ supérieure dans :*

    a. un *Gymnase ;*

    b. une *École réale de 1ᵉʳ ordre* (Gymnase réal) ;

    c. une *École bourgeoise supérieure* (cours de 9 ans, sans latin obligatoire).

B. En faisant la *1ʳᵉ supérieure dans :*

    a. un *Progymnase ;*

    b. une *École réale de 2ᵐᵉ ordre ;*

    c. une *École bourgeoise supérieure.*

C. En subissant l'*Examen de sortie* de :

    a. certaines *Écoles bourgeoises supérieures ;* (inférieures à **B. c.**)

    b. certains *Établissements privés (Ecoles de Commerce).*

D. En subissant un examen déterminé : dans certaines *Écoles industrielles ;*

E. En subissant un examen devant la *Commission* instituée *ad hoc.*

Principales Écoles commerciales allemandes divisées par catégories.

PRINCIPALES ÉCOLES COMMERCIALES DONT LE DIPLOME DONNE DROIT AU
VOLONTARIAT D'UN AN DANS L'ARMÉE ALLEMANDE.

		ÉLÈVES REGULIERS DU JOUR	APPRENTIS DE COMMERCE
1 **Augsbourg**	Institut supérieur de Commerce. . . .	120	»
2 **Berlin**	École commerciale	202	»
3 **Breslau**	Institut commercial supérieur	80	»
4 **Brunswick**	Institut supérieur de Commerce. . . .	200	»
5 **Chemnitz**	Institut public de Commerce	101	119
6 **Dantzig**	Académie de Commerce	140	»
7 **Dresde**	Institut public de Commerce	233	209
8 **Erfürt**	École supérieure spéciale de Commerce .	80	»
9 **Gera**	École supérieure de Commerce et Académie de Commerce	108	»
10 **Leipzig**	Institut public de Commerce	165	307
11 **Mayence**	École réale et commerciale	260	»
12 **Marktbreit**	École commerciale municipale	130	»
13 **Munich**	École commerciale municipale	212	»
14 **Nuremberg**	École commerciale municipale	428	»
15 **Osnabrück**	École internationale de Commerce. . . .	139	»
16 **Offenbach**	École commerciale.	92	»
17 **Stuttgard**	École supérieure de Commerce. . . .	76	»
	Totaux	**2.766**	**635**

1. — Institut supérieur de Commerce d'Augsbourg.

(Allgemeine Handelslehranstalt zu Augsburg.)

L'Institut supérieur de Commerce d'Augsbourg est placé sous le
patronage de la Chambre de Commerce de la Ville et il reçoit les
subventions suivantes :

2.000 marcs (2.500 francs) de la Municipalité d'Augsbourg ;

2.400 marcs (3.000 francs) de la Chambre de Commerce de la Ville ;

500 marcs (625 francs) de la Diète provinciale.

Il possède, en outre, une bibliothèque, une collection de cartes et d'appareils géographiques, et des laboratoires de physique et de chimie.

L'enseignement comprend :

1° *Une division inférieure.* (Höhere Bürgerschule.)

2° *Une division supérieure.* (Höhere Handelsschule.)

3° *Une division pour les apprentis de commerce.* (Lehrlingsabtheilung.)

Le diplôme de sortie de la division supérieure donne droit au volontariat d'un an dans l'armée allemande.

On admet des élèves réguliers et des auditeurs libres. Le régime intérieur est l'*externat.*

I. — Division inférieure.

Cette division comprend deux années d'études préparatoires.

II. — Division supérieure.

Cette division est destinée aux jeunes gens qui désirent acquérir une éducation commerciale complète. Elle comprend deux cours qui durent chacun une année.

Pour être admis dans la 1re classe (cours inférieur) les candidats doivent avoir 15 ans au moins et être de la force d'un élève de 5me année d'une École réale, ou de 2me année d'un Gymnase.

Voici le plan d'études de ces deux cours :

	NOMBRE D'HEURES PAR SEMAINE POUR CHAQUE COURS	
	Classes	
ENSEIGNEMENT OBLIGATOIRE :	I	II
	1re année	2me année
Étude du Commerce.	2	2
Comptabilité et correspondance commerciale . .	3	3
Calcul commercial.	2	2
Mathématiques (algèbre et géométrie)	4	4
Langue allemande (littérature et correspondance).	3	3
Langue française et correspondance.	5	4
Langue anglaise et correspondance.	5	4
Langue italienne et correspondance.	»	5
Histoire et géographie commerciales	4	3
Sciences naturelles	4	4
Calligraphie.	2	»
NOMBRE TOTAL D'HEURES PAR SEMAINE. . .	34	34

III. — Division pour les apprentis de commerce.

Cette division comprend trois cours d'un an chacun ; elle est destinée aux jeunes gens qui sont déjà dans les affaires et qui ont besoin d'acquérir rapidement les notions indispensables pour le commerce.

ENSEIGNEMENT. — L'enseignement est donné par 7 professeurs, et les cours des trois divisions sont fréquentés par 120 élèves âgés de 13 à 17 ans.

FRAIS D'ÉTUDES. — La rétribution scolaire est de 120 marcs (150 francs) par an, pour la division inférieure, et de 200 marcs (250 francs) par an, pour les cours de la division supérieure.

BUDGET. — Les dépenses totales annuelles s'élèvent environ à 20.000 marcs (25.000 francs).

La Municipalité fournit gratuitement à l'Institut, le local, le chauffage et l'éclairage.

2. — École commerciale de Berlin.

(Handelsschule zu Berlin.)

Cette École est connue à Berlin sous le nom d'École de Commerce du docteur Lange. C'est un établissement privé très important qui existe déjà depuis de nombreuses années.

Les cours comprennent 6 années d'études.

Le diplôme de sortie donne droit au volontariat d'un an dans l'armée allemande. Cette faveur a été accordée à l'École dès l'année 1856, et, depuis cette époque, 526 jeunes gens en ont profité.

Le régime intérieur de l'École est l'*externat.*

ENSEIGNEMENT. — Le tableau suivant indique les matières enseignées et le nombre d'heures qui leur est consacré par semaine.

NOMBRE D'HEURES

PAR SEMAINE POUR CHAQUE COURS

MATIÈRES DE L'ENSEIGNEMENT :	Classe						
	V	IV	IIIb	IIIa	IIb	IIa	I
	le cours dure 1 année	le cours dure 1 année	le cours dure 6 mois	le cours dure 1 année	le cours dure 1 année	le cours dure 1 année	le cours dure 1 année
	Div⁰ⁿ infre						Div⁰ⁿ supre
Religion.	2	2	2	2	2	2	2
Langue allemande . . .	4	4	4	4	3	3	3
Langue française . . .	8	8	5	5	5	6	6
Langue anglaise. . . .	»	»	4	5	5	5	6
Histoire et géographie commerciales	3	3	4	4	4	4	4
Mathématiques pures. .	»	»	2	2	3	4	4
Calcul commercial . . .	5	5	4	3	3	2	2
Sciences physiques et naturelles.	1	1	2	2	2	2	3
Comptabilité.	»	»	»	»	1	1	1
Science du Commerce. .	»	»	»	»	1	1	1
Calligraphie.	2	2	3	3	2	1	1
Dessin.	1	1	1	1	1	1	»
Chant.	1	1	1	1	1	1	1
Gymnastique.	2	2	2	2	2	2	2
NOMBRE TOTAL D'HEURES PAR SEMAINE.	29	29	34	34	35	35	36

L'enseignement est donné par 20 professeurs et le nombre des élèves qui fréquentent l'École est de 202 environ, répartis comme suit :

Classes.	Div⁰ⁿ infre					Div⁰ⁿ supre		
	V	IV	IIIb	IIIa	IIb	IIa	I	Total
Nombre d'élèves. .	13	28	27	27	41	24	42	202

FRAIS D'ÉTUDES. — Les frais d'études sont de 142 marcs (177 fr. 50) par an, pour la Vᵉ et la IVᵉ classe, et de 184 marcs (230 francs) par an, pour les autres classes.

BUDGET. — L'École ne reçoit aucune subvention ; elle vit de ses propres ressources.

3. — Institut commercial supérieur de Breslau.

(Höhere Handels-Lehranstalt.)

L'Institut commercial supérieur de Breslau a été fondé, en 1869. par le docteur Steinaus qui en est encore aujourd'hui le directeur et le propriétaire.

Le diplôme de sortie donne droit au volontariat d'un an dans l'armée allemande.

L'Institut reçoit des élèves *internes* et des élèves *externes*.

ENSEIGNEMENT. — La durée des études est de 4 ans et le programme ressemble à celui des Écoles réales auquel on a ajouté des notions sur la science du Commerce, le calcul commercial, etc., etc.

L'enseignement est fait par 8 professeurs, et les cours sont fréquentés par 80 élèves âgés de 14 à 18 ans.

Des cours ont également lieu le matin et le soir pour les apprentis de commerce.

FRAIS D'ÉTUDES. — La rétribution scolaire est de 280 marcs (350 francs) par an pour les externes, et de 750 (937 fr. 50) à 1.000 marcs (1.250 francs) par an pour les internes.

BUDGET. — Le directeur est propriétaire de l'immeuble dans lequel est installée l'École, et il ne reçoit aucune subvention de l'État.

4. — Institut supérieur de Commerce de Brunswick.

(Établissement privé dirigé par le docteur Günther.)
(Höhere Privat-Lehranstalt zu Braunschweig.)

L'Institut supérieur de Commerce de Brunswick qui a été fondé en 1861 par le docteur Günther, est une sorte d'École réale comprenant 6 classes. L'étude du latin n'est pas obligatoire ; elle est répartie en 3 années.

Le nombre des élèves dans chacune des classes inférieures est limité à 20.

L'enseignement des divisions supérieures répond à celui des Écoles réales auxquelles on a toutefois ajouté des cours de *chimie pratique,* de *tenue des livres* et de *calligraphie.*

L'Institut compte 200 élèves environ et l'enseignement est donné par 7 professeurs auxquels sont adjoints des maîtres surveillants.

Depuis l'année 1869, *le diplôme de sortie de l'Institut supérieur Günther donne droit au volontariat d'un an dans l'armée allemande.*

En 1885, 311 jeunes gens avaient déjà profité de cette faveur.

Le régime intérieur est l'*externat,* mais la direction se charge de placer les élèves comme *internes*, chez des professeurs, moyennant une pension annuelle variant de 150 à 400 thalers (562 fr. 50 à 1.500 francs).

FRAIS D'ÉTUDES. — La rétribution scolaire est de 148 marcs (185 francs) par an, plus 3 marcs (3 fr. 75), pour droit d'entrée.

5. — Institut public de Commerce de Chemnitz.
(Oeffentliche Handels-Lehranstalt zu Chemnitz.)

L'Institut public de Commerce de Chemnitz a été fondé, en 1848, par la Corporation des fabricants et des commerçants de la Ville. Depuis cette époque, il est placé sous le patronage de cette Chambre et sous l'autorité supérieure du Ministère de l'Intérieur.

L'Institut est installé dans des bâtiments fort bien aménagés; il possède une bibliothèque, une collection de cartes et d'appareils géographiques, un musée de marchandises et des laboratoires de physique et de chimie.

L'Institut reçoit annuellement comme subvention :

2.700 marcs (3.375 francs) de l'État.

600 marcs (750 francs) de la Ville de Chemnitz.

La Chambre des fabricants et des négociants de Chemnitz prend à sa charge les déficits annuels.

Le diplôme de sortie donne droit au volontariat d'un an dans l'armée allemande.

Le régime intérieur est l'*externat*.

L'Institut comprend deux divisions bien distinctes :

I. *Une division supérieure;*

II. *Une division pour les apprentis de commerce.*

I. — Division supérieure.

Cette division est destinée aux jeunes gens qui doivent acquérir une éducation commerciale complète.

ENSEIGNEMENT. — Les cours durent trois ans.

Pour être admis dans la classe inférieure, il faut être âgé de 14 ans et subir un examen sur la *langue allemande,* la *langue française,* la *géographie,* l'*histoire* et le *calcul.*

Le tableau suivant indique les matières enseignées dans cette division, et le nombre d'heures qui leur est consacré par semaine.

MATIERES DE L'ENSEIGNEMENT :	NOMBRE D'HEURES PAR SEMAINE POUR CHAQUE COURS Classes		
	III Div^{on} infre	II	I Div^{on} supre
Science du Commerce et droit commercial. .	1	2	2
Économie politique.	»	»	2
Comptabilité et correspondance.	2	2	4
Mathématiques commerciales	4	3	3
Étude des marchandises	»	2	»
Chimie	»	2	»
Technologie chimique et mécanique	»	»	3
Physique	2	2	2
Géographie.	2	2	2
Histoire	2	2	2
Mathématiques.	4	3	3
Langue allemande	4	3	3
Langue française.	5	5	4
Langue anglaise	5	5	4
Calligraphie	2	1	»
Dessin.	2	1	1
Gymnastique.	2	1	1
NOMBRE TOTAL D HEURES PAR SEMAINE . .	37	36	36

L'enseignement est fait par 10 professeurs, et le nombre des élèves qui suivent les cours de la division supérieure est de 101, répartis de la manière suivante :

Classes.	Div^{on} infre III	II a	II b	Div^{on} supre I	Total
Nombre d'élèves	39	17	17	28	**101**

Ces jeunes gens sont àgés de 14 à 19 ans.

A la fin de l'année 1885, 20 élèves de la 1re classe ont reçu le diplôme de sortie *qui donne droit au volontariat d'un an.*

FRAIS D'ÉTUDES. — La rétribution scolaire est de 240 marcs (300 francs) par an. Les élèves paient en outre un droit d'entrée de 15 marcs (18 fr. 75).

II. — Division des apprentis de commerce.

ENSEIGNEMENT. — La division des apprentis de commerce comprend 3 cours qui durent chacun pendant une année.

Pour être admis dans la III⁰ classe (division inférieure) les apprentis doivent passer un examen sur les *éléments de la langue allemande*, les *quatre règles* et les *fractions*. Pour entrer dans la II⁰ classe, il faut être capable de faire une *narration allemande* sans fautes grossières et connaître, en outre, l'*arithmétique complète*, la *géographie*, les *éléments de la langue française*.

On n'admet directement dans la Iʳᵉ classe que les élèves qui sortent de la II⁰ classe.

Le tableau suivant indique les matières enseignées dans cette division, et le nombre d'heures qui leur est consacré par semaine :

MATIÈRES DE L'ENSEIGNEMENT :	NOMBRE D'HEURES PAR SEMAINE POUR CHAQUE COURS Classes		
	III Div⁰ⁿ infᵉ	II	I Div⁰ⁿ supᵉ
Science du Commerce.	»	1	2
Comptabilité et correspondance.	»	2	2
Mathématiques commerciales	3	2	2
Étude des marchandises	»	1	1
Géographie	1	1	2
Langue allemande	3	2	»
Calligraphie.	2	»	»
NOMBRE TOTAL D'HEURES PAR SEMAINE. .	9	9	9
ENSEIGNEMENT FACULTATIF :			
Langue française.	2	2	2
Langue anglaise	2	2	2
NOMBRE TOTAL D'HEURES PAR SEMAINE. .	4	4	4

La division des apprentis de commerce comprend 119 élèves, répartis de la manière suivante :

		Div⁰ⁿ infᵉ		Div⁰ⁿ supᵉ	
Classes	III	IIa	IIb	I	Total
Nombre d'élèves.	39	26	25	29	**119**

FRAIS D'ÉTUDES. — La rétribution scolaire pour chaque cours est de 72 marcs (90 francs) par an. Chaque élève paie, en outre, un droit d'admission de 9 marcs (11 fr. 25).

Les apprentis de commerce qui suivent les cours obligatoires sont admis aux cours de *langue française* et de *langue anglaise*, moyennant une rétribution annuelle de 18 marcs (22 fr. 50) pour chacun de ces cours.

BUDGET. — Les dépenses totales de l'Institut varient entre 34.000 et 36.000 marcs (42.500 et 45.000 francs) par an.

L'Institut est propriétaire des bâtiments dans lesquels il est installé et l'Administration n'a pas de loyer à payer.

6. — Académie de Commerce de Dantzig.
(Danziger Handels-Akademie.)

En 1814, un grand négociant de la ville de Dantzig, Jacob Kabrun, exprimait, dans son testament, le désir qu'une École de Commerce fût fondée à Dantzig; et, c'est seulement en 1832, que cette création a été approuvée par l'État.

Aujourd'hui, l'Académie de Commerce de Dantzig est placée sous la direction du haut commerce, et la subvention de l'État dont elle jouissait depuis 1848, lui a été retirée en 1879, les revenus de l'École étant suffisants pour couvrir les dépenses.

L'Académie possède deux belles bibliothèques, l'une pour les professeurs, l'autre pour les élèves, et une collection très complète de cartes géographiques.

Le diplôme de sortie donne droit au volontariat d'un an dans l'armée allemande.

29 élèves ont été diplômés en 1885 ; ces jeunes gens étaient âgés de 17 ans 1/2 à 19 ans.

Le régime intérieur est l'*externat*.

ENSEIGNEMENT. — L'Académie comprend trois cours qui durent chacun une année.

Pour être admis dans la IIIe classe (division inférieure), il faut avoir terminé la 4me année d'une École réale ou subir un examen sur la *langue allemande*, la *langue française*, les *éléments de l'arithmétique* et la *géographie générale*. Pour être admis directement dans la IIe classe, il faut avoir terminé la 3me année d'une École réale, ou subir un examen sur la *langue allemande*, la *langue française*, la *langue anglaise*, l'*histoire* et la *géographie*. Enfin, on reçoit dans la 1re classe, les élèves qui ont terminé leur seconde dans une École réale.

Le tableau suivant indique les matières enseignées et le nombre d'heures qui leur est consacré par semaine :

	NOMBRE D'HEURES PAR SEMAINE POUR CHAQUE COURS Classes		
MATIÈRES DE L'ENSEIGNEMENT :	III Div⁰ⁿ inf^re	II	I Div⁰ⁿ sup^re
Langue allemande	4	3	3
Langue française	8	8	7
Langue anglaise.	6	6	6
Mathématiques	4	4	4
Calcul commercial	2	2	2
Sciences naturelles (physique, chimie, botanique)	2	2	2
Science du Commerce (comptabilité et droit commercial).	»	2	5
Histoire.	2	2	2
Géographie	2	3	3
Calligraphie.	2	2	»
NOMBRE TOTAL D'HEURES PAR SEMAINE. .	32	34	34

Ces cours sont suivis par 140 élèves, et l'enseignement est donné par 10 professeurs.

Les 140 élèves se répartissent comme suit :

	Div⁰ⁿ inf^re		Div⁰ⁿ sup^re	
Classes.	III	II	I	Total
Nombre d'élèves	43	59	38	**140**

PARMI CES ÉLÈVES :

5 sont âgés de 13 à 14 ans ;
46   »   de 14 à 16   »
69   »   de 16 à 18   »
20   »   de 18 à 29   »

ENFIN :

67 sont de Dantzig même,
56 sont des États prussiens,
17 sont étrangers.

FRAIS D'ÉTUDES. — La rétribution scolaire annuelle est de 120 marcs (150 francs) pour le cours de la IIIᵉ classe, et de 180 marcs (225 francs) pour les cours de la Iᵉ et de la IIᵉ classe.

BUDGET. — Les dépenses totales de l'Académie de Commerce de Dantzig s'élèvent à 25,000 marcs (31,250 francs) par an. environ. Ces dépenses sont, en grande partie, couvertes par les rétributions scolaires.

L'Académie possède, d'ailleurs, un capital de 80.000 marcs (100.000 francs) placé en rentes allemandes, et elle n'a pas de loyer à payer, étant propriétaire des bâtiments dans lesquels elle est installée. Ces bâtiments lui ont été autrefois cédés par les successeurs de Jacob Kabrun, le promoteur de l'Académie.

7. — Institut public de Commerce de Dresde.
(Oeffentliche Handels-Lehranstalt der Dresdner Kaufmannschaft.)

L'Institut public de Commerce de Dresde, qui est une des meilleures Écoles de Commerce d'Allemagne, a été fondé en 1834. Il appartient à la Corporation des marchands de Dresde, et est placé sous la surveillance du Ministère de l'Intérieur.

Il comprend 4 divisions bien distinctes :

I. *Une École supérieure de Commerce* (Höhere Handelsschule);
II. *Une École pour les apprentis de commerce* (Lehrlingsschule);
III. *Un cours commercial* (Kaufmännischer Kurs);
IV. *Un cours de hautes études commerciales* (Handelswissen - schaftlicher Kurs).

Le nombre total des élèves est de 442, et l'enseignement des 4 divisions est donné par 20 professeurs.

Le régime intérieur est l'*externat*.

I. — École supérieure de Commerce.

Cette École reçoit les jeunes gens « qui se destinent à la pratique des affaires, et à toute profession ayant un rapport avec le commerce ».

Elle comprend trois années d'études et une année préparatoire.

Les élèves qui désirent entrer dans la IIIe classe (division inférieure) doivent avoir 14 ans au moins et être de la force d'un élève de 4me année d'une École réale de premier ordre ou d'un Gymnase.

L'examen d'entrée porte sur : la *langue allemande*, la *langue française*, la *géographie* et l'*histoire générales*, l'*arithmétique* et la *géométrie plane*.

Les élèves dont les connaissances ne répondent pas complètement à ce programme, peuvent se préparer à entrer dans la IIIe classe en suivant le *cours préparatoire* qui dure un an.

Voici le plan d'études de l'École supérieure de Commerce

MATIÈRES DE L'ENSEIGNEMENT	NOMBRE D'HEURES PAR SEMAINE POUR CHAQUE COURS Classes			
	Cours prép^re	III Div^on inf^re	II	I Div^on sup^re
Droit commercial	»	»	»	1
Science du Commerce	»	»	3	2
Correspondance commerciale.	»	»	2	2
Tenue des livres et opérations des comptoirs.	»	2	3	2
Calculs commerciaux	5	5	3	3
Langue allemande et littérature . . .	4	4	3	3
Langue française et correspondance .	4	4	4	4
Langue anglaise et correspondance. .	4	4	4	4
Géographie générale et commerciale .	3	2	2	2
Histoire générale et commerciale. . .	3	2	2	3
Économie commerciale et politique. .	»	»	»	2
Chimie.	»	»	»	2
Technologie	»	»	»	3
Physique.	»	»	3	»
Histoire naturelle.	3	3	»	»
Mathématiques	3	3	3	2
Calligraphie	3	3	1	»
Dessin	»	1	1	1
NOMBRE TOTAL D'HEURES PAR SEMAINE.	32	33	34	36
Langue italienne (facultative)	»	»	2	2
Sténographie (facultative)	»	2	2	2

Les cours ont lieu tous les jours de 8 heures à midi, et de 3 heures à 5 heures, excepté le mercredi et le samedi, où les élèves sont libres dans l'après-midi, à partir de 1 heure.

Les 178 élèves qui fréquentent ces cours sont répartis de la manière suivante :

Classes	Cours prép^re	Div^on inf^re		Div^on sup^re				Total
		IIIb	IIIa	IIb	IIa	Ib	Ia	
Nombre d'élèves . .	14	27	33	30	27	19	28	178

Sur ces 178 élèves : 128 sont Allemands (64 de Dresde même); 46, Autrichiens; 9, Russes; 7, Suédois ou Norvégiens; 3, Anglais; 2, Français; 3, Hollandais; 1, Suisse; 7, Américains; 2, Turcs.

Le diplôme de sortie donne droit au volontariat d'un an dans l'armée allemande.

En 1884, sur 46 élèves sortant de la 1re classe, 34 ont été diplômés.

FRAIS D'ÉTUDES. — Les élèves paient des prix différents, selon qu'ils sont étrangers ou nationaux.

Pour les étrangers, le prix du cours préparatoire est de 250 marcs (312 fr. 50) par an, et le prix de chacun des cours de l'École supérieure de Commerce est de 360 marcs (450 francs) par an.

Les nationaux et les jeunes gens habitant la ville paient par an :

Pour le cours préparatoire	250 marcs	(312 fr. 50)
Pour la IIIe classe.	300 »	(375 fr. »)
Pour la IIe classe.	320 »	(400 fr. »)
Pour la 1re classe.	360 »	(450 fr. »)

Les frais d'inscription sont de 15 marcs (18 fr. 75).

Enfin les fils des Membres de la Chambre de Commerce bénéficient d'une diminution de 20 0/0,

II. — École des apprentis de commerce.

Le cours des apprentis de commerce dure 2 ans, et un *cours préparatoire* y est adjoint pour les jeunes gens qui ne sont pas en état de suivre les cours de IIe classe ; il faut être âgé de 14 ans révolus, et avoir reçu l'instruction primaire que l'on donne dans les Écoles communales.

L'examen d'admission porte sur : la *langue allemande* (dictée d'orthographe), la *géographie générale* et les *éléments de l'arithmétique.*

Le tableau suivant indique les matières enseignées dans ce cours et le nombre d'heures qui leur est consacré par semaine :

	NOMBRES D'HEURES PAR SEMAINE POUR CHAQUE COURS		
		Classes	
ENSEIGNEMENT OBLIGATOIRE :	Cours prépre	II	1
Étude du commerce	»	1	1
Comptabilité et travail des comptoirs. . . .	1	1	1
Correspondance	»	»	1
Calcul commercial.	3	2	2
Langue allemande.	3	2	1
Géographie	1	2	2
NOMBRE TOTAL D'HEURES PAR SEMAINE.	8	8	8

ENSEIGNEMENT FACULTATIF	Cours prép^{re}	Classes	
		II	I
Étude des marchandises	»	»	1
Langue française.	»	2	2
Langue anglaise.	»	2	2
NOMBRE TOTAL D'HEURES PAR SEMAINE.	»	4	5

Ces cours sont suivis par 209 élèves répartis comme suit :

Classes	Cours prép^{re}	Div^{on} inf^{re}			Div^{on} sup^{re}					Total
					IIa	Id	Ic	Ib	Ia	
Nombre d'élèves. . . .	25	25	25	24	28	23	21	17	21	209

A la fin des cours de la 1re classe, l'École délivre des diplômes et des certificats aux apprentis de commerce.

FRAIS D'ÉTUDES. — La rétribution annuelle pour les matières de l'enseignement obligatoire est fixé à 84 marcs (105 francs) par an pour les apprentis dont les patrons appartiennent à la Chambre de Commerce, et à 108 marcs (135 francs) pour ceux dont les patrons ne remplissent pas cette condition.

Cette dernière catégorie d'apprentis est tenue, en outre, de payer 9 marcs (11 fr. 25) pour le droit d'admission.

La rétribution annuelle, pour un cours de langue, est de 18 marcs (22 fr. 50).

Le cours facultatif désigné sous la rubrique : Étude des Marchandises, *est gratuit* pour tous les apprentis inscrits aux cours obligatoires.

Enfin, les apprentis de commerce qui ont suivi le cours de 2 ans, sont admis à suivre les cours de l'École supérieure de Commerce moyennant une rétribution annuelle de 200 marcs (250 francs), seulement.

III. — Cours commercial.

Le cours commercial est destiné aux jeunes gens, pourvus d'une instruction élémentaire, qui désirent acquérir, avant leur entrée dans les affaires, les connaissances théoriques les plus nécessaires.

Ce cours dure un an. Pour pouvoir le suivre, il faut être âgé de 14 ans au moins et avoir fréquenté les cours d'une École municipale bourgeoise (Bürgerschule).

L'examen d'admission porte sur la *langue allemande*, la *langue française*, la *géographie* et les *éléments de l'arithmétique*.

Voici les facultés qui sont enseignées dans ce cours :

ENSEIGNEMENT OBLIGATOIRE :	NOMBRE D'HEURES PAR SEMAINE POUR CHAQUE COURS
Étude du commerce, du change et de la banque .	3
Comptabilité et travaux de comptoir	4
Correspondance.	3
Calcul commercial.	6
Langue allemande.	3
Géographie commerciale.	3
Étude des marchandises.	3
Langue française	5
Calligraphie.	2
NOMBRE TOTAL D'HEURES PAR SEMAINE . .	32
Sténographie (facultative)	2

Le cours commercial est fréquenté par 28 élèves, répartis comme suit, par pays d'origine :

25 sont nés en Saxe (16 à Dresde même), 1 est né en Prusse, 2 sont nés en Autriche.

A la fin de l'année 1885, 25 élèves sur 28 ont été diplômés.

FRAIS D'ÉTUDES. — La rétribution scolaire est de 180 marcs (225 francs) par an.

IV. — Cours des Hautes Études commerciales.

Ce cours ne dure qu'un an. Pour être admis à le suivre, il faut être âgé de 16 ans au moins ; avoir fait ses classes dans une École réale de premier ordre ou dans un Gymnase, et, *autant que possible*, être muni du certificat d'aptitude au volontariat d'un an.

Voici le plan d'études de ce cours :

ENSEIGNEMENT OBLIGATOIRE :	NOMBRE D'HEURES PAR SEMAINE POUR CHAQUE COURS
Droit commercial.	2
Étude du commerce et économie politique	2
Correspondance commerciale.	2
Comptabilité	4
Calcul commercial.	4
Technologie, étude des marchandises	3
Histoire et géographie commerciales	3
NOMBRE TOTAL D'HEURES PAR SEMAINE.	20

ENSEIGNEMENT FACULTATIF :	NOMBRE D'HEURES PAR SEMAINE POUR CHAQUE COURS
Langue allemande et littérature	4
Langue. anglaise et littérature	4
Langue française et correspondance	4
NOMBRE TOTAL D'HEURES PAR SEMAINE.	12

Le cours des hautes études commerciales a été récemment ouvert, et le nombre des élèves qui le fréquentent est de 27, répartis comme suit par pays d'origine :

14 Allemands, dont huit sont munis du diplôme pour le volontariat d'un an.

13 sont étrangers et viennent : d'Autriche, 3; d'Angleterre, 2; du Brésil, 2; de Suède et de Norvège, 2; de Russie, 1; de Grèce, 1; de France, 1; de Suisse, 1.

FRAIS D'ÉTUDES. — Le prix du cours des hautes études commerciales est de 300 marcs (375 francs) par an.

Les fils des Membres de la Chambre de Commerce bénéficient d'une réduction de 20 0/0.

BUDGET. — L'Institut est propriétaire des bâtiments dans lesquels il est installé; l'Administration n'a donc pas de loyer à payer.

Les dépenses sont couvertes par les rétributions scolaires et par les revenus d'un capital de 170.000 marcs qui appartient à l'Institut.

8. — École supérieure spéciale de Commerce d'Erfurt.

(Höhere Handels-Fach-Schule zu Erfurt.)

L'École supérieure spéciale de Commerce d'Erfurt a été fondée en 1868. Elle est dirigée par son fondateur, M. le docteur Wahl.

Depuis 1873, *le diplôme de sortie donne droit au volontariat d'un an dans l'armée allemande.*

L'École reçoit des élèves *internes* et des élèves *externes.*

ENSEIGNEMENT. — Les cours durent 3 ans.

Le tableau suivant indique les matières enseignées et le nombre d'heures qui leur est consacré par semaine :

MATIÈRES DE L'ENSEIGNEMENT :	NOMBRE D'HEURES PAR SEMAINE POUR CHAQUE COURS Classes				
	IIIb	IIIa	IIb	IIa	I
	Divon infre			Divon supre	
Langue française.	4	4	4	4	4
Langue anglaise.	4	4	4	4	4
Langue italienne.	»	»	2	2	2
Langue allemande	4	4	4	3	3
Calligraphie	2	2	2	2	1
Mathématiques.	4	4	4	4	4
Mécanique et technologie.	»	»	»	1	1
Histoire naturelle.	1	1	»	»	»
Géographie	2	3	2	2	2
Histoire.	2	2	2	2	2
Arithmétique commerciale	3	2	2	2	2
Opérations des comptoirs	»	»	2	2	2
Correspondance commerciale . . .	2	2	3	6	7
Science du commerce.	2	2	3	4	6
NOMBRE TOTAL D'HEURES PAR SEMAINE :	30	30	34	38	40

L'enseignement est fait par 10 professeurs, et les cours sont suivis par 80 élèves environ.

FRAIS D'ÉTUDES. — La rétribution scolaire est de 300 marcs (375 francs) par an, pour les élèves externes.

Les élèves internes paient 1.200 marcs (1.500 francs) jusqu'à 15 ans et 1.400 (1.750 francs) au-dessus de cet âge.

BUDGET. — Cette École est un établissement privé qui vit de ses propres ressources.

9. — École supérieure de Commerce et Académie de Commerce de Géra.

(Höhere Handelsschule und Handels-Akademie zu Gera.)

L'École supérieure de Commerce et Académie de Commerce de Géra a été fondée, le 8 octobre 1849, par M. le docteur Ed. Amthor, à Hildburghausen, et transférée le 1er mai 1854, à Géra.

L'École comprend 2 divisions bien distinctes :

I. *Une École supérieure de Commerce ;*

II. *Une Académie commerciale.*

Depuis l'année 1869, *le diplôme de sortie donne droit au volontariat d'un an dans l'armée allemande.*

En 1885, 26 élèves ont obtenu ce diplôme.

L'École admet des élèves réguliers et des auditeurs libres.

L'enseignement est donné par 9 professeurs.

Le régime intérieur de l'établissement est l'*externat*, mais les élèves qui désirent être internes n'ont qu'à s'adresser à la Direction, qui leur recommande des pensions de famille dont les prix varient de 550 à 800 marcs (687 fr. 50 à 1.000 francs) par an.

I. — École supérieure de Commerce.

ENSEIGNEMENT. — Cette division comprend un *cours préparatoire* et 3 années d'études normales.

Le tableau suivant indique les matières enseignées et le nombre d'heures qui leur est consacré par semaine.

MATIÈRES DE L'ENSEIGNEMENT	NOMBRE D'HEURES PAR SEMAINE POUR CHAQUE COURS Classes			
	Cours prep^re	III Div^on infr^e	II Div^on	I Div^on sup^e
Langue et littérature allemandes	5	4	3	3
Correspondance commerciale allemande	»	1	2	1
Langue et correspondance françaises	7	5	5	6
Langue et correspondance anglaises	3	4	4	6
Droit commercial	4	3	3	3
Travail des comptoirs et tenue des livres	»	1	2	2
Sciences	»	1	1	2
Histoire universelle et commerciale	3	2	2	2
Géographie universelle, commerciale et industrielle	3	2	2	2
Mathématiques	2	3	3	2
Physique	»	2	2	1
Chimie	»	»	2	2
Histoire naturelle (botanique, zoologie, minéralogie)	2	1	»	»
Marchandises	»	»	2	2
Calligraphie	3	2	»	»
Sténographie	»	2	1	»
NOMBRE TOTAL D'HEURES PAR SEMAINE	32	33	34	34

Ces cours sont suivis par 92 élèves, âgés de 14 à 20 ans.

FRAIS D'ÉTUDES. — La rétribution scolaire est de 180 marcs (225 francs) par an, pour le cours préparatoire, et de 230 marcs

(287 fr. 50) par an. pour chacune des divisions de l'Ecole supérieure.

II. — Académie commerciale.

ENSEIGNEMENT. — Le cours de l'Académie commerciale ne dure qu'un an et est destiné aux jeunes gens qui, ayant déjà terminé leurs études dans les établissements supérieurs de l'État, veulent acquérir, dans le laps de temps le plus court possible, l'instruction commerciale nécessaire pour entrer dans les affaires. Le tableau suivant indique les matières enseignées dans ce cours, et le nombre d'heures qui leur est consacré par semaine.

MATIÈRES DE L'ENSEIGNEMENT :	NOMBRE D'HEURES PAR SEMAINE
Langue et littérature allemandes	2
Correspondance commerciale allemande	2
Langue et correspondance françaises	4
Langue et correspondance anglaises	4
Droit commercial	3
Travail de comptoir et tenue de livres	4
Calcul commercial	2
Économie politique	1
Histoire commerciale	1
Géographie commerciale	2
Marchandises	3
Sténographie	2
NOMBRE TOTAL D'HEURES PAR SEMAINE	30

Ce cours est suivi par 16 élèves âgés de 18 à 26 ans.

FRAIS D'ÉTUDES. — La rétribution scolaire, pour l'ensemble des cours, est de 250 marcs (312 fr. 50) par an, plus un droit d'entrée de 15 marcs (18 fr. 75).

Les auditeurs libres paient 7 marcs 50 (9 fr. 40) par semestre et par cours.

Chaque élève paie 20 marcs (25 francs) pour le diplôme de sortie; 15 marcs (18 fr. 75) pour le certificat de sortie, et 3 marcs (3 fr. 75) pour tous les autres certificats délivrés par la Direction.

BUDGET. — L'École vit de ses propres ressources; les bâtiments lui appartiennent depuis 1854, et l'Administration n'a pas de loyer à payer.

10. — Institut public de Commerce de Leipzig.

(Oeffentliche Handels-Lehranstalt.)

L'Institut public de Commerce de Leipzig fondé en 1831, par la Chambre de Commerce de cette ville, reçoit de l'État une subvention annuelle de 4.50) marcs (5.625 francs). Cet établissement, qui présente toutes les conditions hygiéniques désirables, renferme, outre les salles spacieuses où se font les cours, une bibliothèque, un cabinet de physique, un laboratoire de chimie et des collections considérables de marchandises, de monnaies, de minéraux et de modèles. Un gymnase et un grand jardin sont mis à la disposition des élèves pendant les récréations.

Parmi les Écoles de Commerce d'Allemagne, l'Institut public de Leipzig est l'établissement qui a envoyé le plus de jeunes gens dans les autres pays d'Europe, et notamment en France.

Le nombre total des élèves est de 472, environ.

Le corps enseignant comprend 20 professeurs.

Le diplôme de sortie donne droit au volontariat d'un an dans l'armée allemande.

Le régime intérieur est l'*externat.*

L'Institut comprend 3 divisions bien distinctes :

1° *L'École supérieure du Commerce proprement dite ;*

2° *La division des apprentis de commerce ;*

3° *Le cours commercial spécial supérieur.*

I. — École supérieure de Commerce.
(Schülerabtheilung.)

ENSEIGNEMENT. — La durée de l'enseignement est de 3 ans et les élèves sont soumis, à la fin de chaque année scolaire, à un examen général sur les matières enseignées dans leur division respective ; ces matières sont les suivantes :

ENSEIGNEMENT OBLIGATOIRE :	NOMBRE D'HEURES PAR SEMAINE POUR CHAQUE COURS Classes		
	III 2 sect^{ns} Div^{on} inf^{re}	II 2 sect^{ns}	I 2 sect^{ns} Div^{on} sup^{re}
Langue allemande	4	3	3
Langue anglaise.	5	4	4
Langue française.	5	4	4
Mathématiques.	3	3	4
Arithmétique commerciale	5	3	2
Physique	3	2	»
Technologie mécanique.	»	»	2
Chimie . . . . : . .	»	2	2
Description des articles de commerce	»	»	1
Géographie	2	2	2
Histoire universelle.	2	2	2
Bureau commercial. Code de Commerce. . .	»	2	2
Comptabilité.	»	2	»
Correspondance	»	»	2
Tenue des livres.	»	»	3
Économie politique et industrielle.	»	»	2
Calligraphie	3	2	»
Dessin.	3	2	»
Gymnastique.	2	2	2
NOMBRE TOTAL D'HEURES PAR SEMAINE . . .	37	35	37
ENSEIGNEMENT FACULTATIF ET GRATUIT :			
Langue espagnole	»	»	2
Langue italienne.	»	2	2
Sténographie.	2	1	1
NOMBRE TOTAL D'HEURES PAR SEMAINE . . .	2	3	5

Cette division compte 117 élèves environ, répartis comme suit :

	Div^{on} inf^{re}				Div^{on} sup^{re}		
Classes	III b	III a	II b	II a	I b	I a	Total
Nombre d'élèves .	19	15	28	25	16	14	117

On voit que le nombre des élèves de chaque section est très restreint et qu'il permet aux professeurs de donner leur enseignement dans des conditions excellentes.

Voici comment se répartissent ces 105 élèves par pays d'origine : 21 sont de Leipzig. 40 des États Allemands, 13 de l'Autriche-Hongrie, 12 de Russie, 3 de Hollande, 5 d'Angleterre, 3 de Roumanie, 4 de Norvège. 2 d'Italie, 3 de Belgique, 1 d'Espagne. 1 de Suisse,   de France, 2 de l'Amérique du Sud, 3 de l'Amérique du

Nord, 2 d'Asie et 1 d'Australie; soit 61 Allemands ou Autrichiens et 56 étrangers.

CONDITIONS D'ADMISSION. — EXAMENS D'ENTRÉE. — Pour suivre les cours de cette division, les élèves doivent remplir les conditions d'âge suivantes :

IIIᵉ classe : 14 ans au moins et 16 ans au plus ;

IIᵉ classe : 15 ans au moins et 17 ans au plus ;

Iʳᵉ classe : 16 ans au moins et 18 ans au plus.

Les examens d'entrée ont lieu à Pâques ; mais l'École admet des lèves dans le courant de l'année, s'ils prouvent, par un examen, qu'ils ont les connaissances nécessaires pour suivre les cours avec fruit.

Voici quels sont les programmes sommaires des examens à subir pour entrer dans la Iʳᵉ et dans la IIᵉ classe :

Iʳᵉ classe (division supérieure). *Épreuves écrites :* composition allemande, orthographe et style corrects. Traduction française et anglaise; problèmes portant sur les quatre règles, les fractions décimales et la règle de trois. *Épreuves orales :* interrogations sur la grammaire, sur l'histoire et sur la géographie.

IIᵉ classe. Les élèves doivent répondre d'une manière suffisante sur les matières enseignées dans la IIIᵉ classe (division inférieure).

A la fin de la 3ᵐᵉ année d'études (Iʳᵉ classe), les élèves subissent un *Examen de Maturité*, sous la présidence d'un délégué du Ministère de l'Intérieur saxon.

Le diplôme de sortie donne droit au volontariat d'un an dans l'armée allemande.

EXAMENS DE SORTIE. — DISCOURS PRONONCÉS PAR LES ÉLÈVES. — Sur 30 élèves de la Iʳᵉ classe qui ont subi les examens de sortie, 28 ont été diplômés.

Enfin, à l'occasion de la distribution des diplômes, il est d'usage que des élèves prononcent de véritables discours devant le personnel de l'Institut, les parents et les élèves assemblés.

En 1884, un élève allemand a prononcé un discours en *français* sur la *Guerre au Pacifique*.

Un élève suisse (de Berne) a prononcé un discours en *anglais* sur *Frederic the Great*.

Un élève, également suisse (de Genève), a prononcé un discours en *allemand* sur *Der Luxus in Mittelalter und in der Neuzeit.* (Le luxe au moyen âge et dans les temps modernes.)

FRAIS D'ÉTUDES. — Les frais d'études sont de 360 marcs (450 francs) par an. Les frais d'inscription, de 10 marcs (12 fr. 50), ne sont perçus qu'une fois pour toutes.

II. — Division des apprentis de commerce.

(Lohrlings-Abtheilung.)

Les cours de cette division durent 3 ans et sont fréquentés par des apprentis de commerce qui ne peuvent disposer que d'un nombre d'heures relativement restreint, pour leur éducation commerciale. Le tableau suivant indique les facultés enseignées dans cette division et le nombre d'heures qui leur est consacré par semaine :

MATIÈRES DE L'ENSEIGNEMENT :	NOMBRE D'HEURES PAR SEMAINE POUR CHAQUE COURS Classes		
	III 4 sect⁼ Div⁼ⁿ infʳᵉ	II 5 sect⁼ⁱ	I 3 sect⁼ⁱ Div⁼ⁿ supʳᵉ
Langue allemande	2	1	1
Langue anglaise	»	2	2
Langue française	2	2	2
Calcul	3	2	2
Science du commerce	»	1	1
Travaux de bureau et tenue des livres	»	1	1
Correspondance	»	»	1
Géographie	1	1	»
Calligraphie	2	»	»
NOMBRE TOTAL D'HEURES PAR SEMAINE. .	10	10	10

Le nombre des jeunes gens qui suivent ces cours est de 307, répartis de la manière suivante :

	Div⁼ⁿ infʳᵉ					Div⁼ⁿ supʳᵉ								
Classes	III*d*	III*c*	III*b*	III*a*		II*e*	II*d*	II*c*	II*b*	II*a*	I*d*	I*c*	I*b* I*a*	Total
Nombre d'élèves.	34	27	27	24		19	33	18	20	23	17	23	22 20	**307**

FRAIS D'ÉTUDES. — Les frais d'études, pour la division des apprentis de commerce, sont de 80 marcs (100 francs par an).

III. — Cours commercial spécial supérieur.

(Fachwissenschaftlicher Kursus.)

Ce cours constitue un véritable enseignement commercial supérieur. Il ne dure qu'un an et comprend deux divisions bien distinctes. L'une de ces divisions est fréquentée par des apprentis de commerce qui ne viennent que 10 heures par semaine à l'Institut. L'autre division est fréquentée par des jeunes gens qui doivent être munis du certificat d'aptitude pour le volontariat.

Le tableau ci-dessous indique les facultés enseignées dans cette division et le nombre d'heures qui leur est consacré par semaine :

ENSEIGNEMENT OBLIGATOIRE :	NOMBRE D'HEURES PAR SEMAINE POUR CHAQUE COURS	
	Division des élèves réguliers	Division des apprentis de commerce
Langue anglaise.	3	»
Correspondance commerciale anglaise. . .	2	2
Langue française	3	2
Correspondance commerciale française . .	2	»
Droit commercial	2	1
Tenue des livres	6	2
Correspondance commerciale allemande. .	2	»
Économie politique et science du commerce.	3	1
Marchandises.	2	»
Arithmétique commercia e.	3	2
Histoire du commerce.	2	1
NOMBRE TOTAL D HEURES PAR SEMAINE.	30	11
ENSEIGNEMENT FACULTATIF :		
Langue espagnole.	2	»
Langue italienne	2	»
Calligraphie.	2	»
NOMBRE TOTAL D'HEURES PAR SEMAINE.	6	»

On compte actuellement 26 auditeurs dans la division des élèves réguliers, et 22 dans la division des apprentis de commerce ; soit : 48 élèves en tout.

Le tableau résumé suivant indique, pour chacune de ces divisions de l'Institut public de Commerce de Leipzig, les différents effectifs depuis l'année 1879 :

	1879	1880	1881	1882	1883	1884	1885
École supérieure de Commerce. . .	108	107	105	104	105	119	117
Division des apprentis de commerce.	163	200	225	248	277	289	307
Cours commercial (Élèves réguliers .	»	11	18	20	21	17	26
spécial supérieur (Apprentis de com^ce	18	10	15	25	14	15	22
TOTAUX. . .	289	328	363	397	417	440	472

FRAIS D'ÉTUDES. — Les frais d'études sont de 240 marcs
(300 fr.) pour les élèves réguliers, et de 80 marcs (100 francs) par
an pour les apprentis de commerce.

BUDGET. — Les dépenses annuelles de l'École s'élèvent environ
à 80.000 marcs (100.000 francs). La subvention de l'État et les
sommes perçues pour les cours couvrent les dépenses, à 15.000 marcs
près (18.750 francs). La Chambre de Commerce prend à sa charge
les déficits annuels.

L'École n'a pas de loyer à payer; l'immeuble dans lequel elle est
installée appartient à la Chambre de Commerce de Leipzig.

11. — École réale et commerciale de Mayence.
(Real u. Handelsschule.)

L'École réale et commerciale de Mayence est un établissement
privé, avec 6 classes, plus une division préparatoire.

*Le diplôme de sortie donne droit au volontariat d'un an dans
l'armée allemande.*

L'École reçoit des élèves *externes* et des élèves *internes*.

ENSEIGNEMENT. — L'enseignement est donné par 14 professeurs, et les cours sont suivis par 260 élèves.

BUDGET. — Les bâtiments de l'École appartiennent au Directeur,
M. le docteur H. Heskamp.

FRAIS D'ÉTUDES. — La rétribution scolaire annuelle varie de
100 à 144 marcs (125 à 180 francs) pour les externes, suivant l'âge
et la classe. Les internes paient 1.200 marcs (1.500 francs).

12. — École commerciale municipale de Marktbreit.
(Städtische Handelsschule in Marktbreit.)

L'École commerciale municipale de Marktbreit qui a été inaugurée en 1875, dans un très vaste terrain hors de la ville, reçoit des *internes* et des *externes*.

Depuis 1879, le diplôme de sortie donne droit au volontariat d'un an dans l'armée allemande.

ENSEIGNEMENT. — L'enseignement comprend 6 années d'études. Il répond, dans les 3 années inférieures, au programme des Écoles réales et ne prend un caractère réellement commercial que dans les 3 dernières années (IV, V et VI).

Pour entrer dans la première année (division inférieure), il faut être âgé de 10 ans au moins et de 13 ans au plus, et avoir les connaissances données dans les Écoles populaires. On reçoit directement des élèves dans les autres divisions, s'ils prouvent, par un examen, qu'ils sont en état d'en suivre les cours, ou s'ils sont munis d'un certificat d'études d'une École publique.

L'École compte 130 élèves, et l'enseignement est donné par 16 professeurs.

Le tableau suivant indique les matières enseignées aux élèves de la division commerciale et la répartition des heures de cours.

	NOMBRE D'HEURES PAR SEMAINE POUR CHAQUE COURS Classe					
	I Divn infre	II	III	IV	V	VI Divn supre
Religion	2	2	2	2	2	2
Langue allemande. . .	6	6	4	4	3	3
Langue française . . .	6	6	5	5	3	3
Langue anglaise. . . .	»	»	»	»	5	5
Géographie.	2	2	2	2	1	1
Histoire.	»	»	2	2	2	2
Calcul	6	4	4	2	2	3
Mathématiques	»	»	»	6	6	6
Histoire naturelle. . .	»	3	3	»	»	»
Physique.	»	»	»	2	2	2
Chimie et minéralogie.	»	»	»	»	3	3
Cours d'économie. . .	»	»	»	»	2	2
Dessin	3	3	4	4	»	»
Calligraphie.	3	2	2	1	1	1
NOMBRE TOTAL D'HEURES PAR SEMAINE	28	28	28	30	32	33

Les élèves font, en outre, 2 heures de gymnastique et une heure de chant par semaine.

Dans les trois premières années d'études, on fait de 7 à 10 heures de latin par semaine; mais les élèves qui se destinent spécialement au commerce en sont dispensés et suivent seuls les cours de *français*, d'*histoire naturelle* et de *dessin*.

Les 130 élèves de l'École se répartissent de la manière suivante:

	Div^{es} infre			Div^{es} supre		
Classes.	I	II	III	IV	V	VI	Total
Nombre d'élèves. .	16	16	27	25	27	19	**130**

Les 19 élèves de la VIe classe ont obtenu le certificat qui donne droit au volontariat.

FRAIS D'ÉTUDES. — Les élèves externes paient,[1] par an, 120 marcs (150 francs) pour la 1re année, et 200 marcs (250 francs) pour les 5 autres années.

Les élèves internes paient 880 marcs (1.100 francs) par an, s'ils sont de nationalité étrangère; s'ils sont Allemands ils paient seulement:

800 marcs (1.000 francs) pour la 1re et la 2me année;
840 » (1.050 francs) pour la 3me et la 4me année;
880 » (1.100 francs) pour la 5me et la 6me année.

De plus, chaque élève verse annuellement 3 marcs (3 fr. 75) pour la bibliothèque; 6 marcs (7 fr. 50) pour le service, et 10 marcs (12 fr. 50) pour l'entretien du matériel.

BUDGET. — L'École est installée dans des bâtiments qui appartiennent à la Municipalité, et l'Administration n'a pas de loyer à payer. La Ville lui donne, en outre, gratuitement, le chauffage et l'éclairage.

13. — École commerciale municipale de Munich.

(Städtische Handelsschule zu München.)

L'École commerciale municipale de Munich a été fondée en 1868.

Cet établissement présente une grande analogie avec l'École commerciale de l'Avenue Trudaine de Paris. Il reçoit une subvention annuelle de 25.000 marcs (31.250 francs) de la Commune.

On admet, à cette École, des élèves réguliers et des auditeurs libres.

Le diplôme de sortie donne droit au volontariat d'un an dans l'armée allemande.

Le régime intérieur est l'*externat*.

ENSEIGNEMENT. — L'enseignement comprend 6 années d'études et les élèves sont admis dès l'âge de 10 ans.

Le tableau suivant indique les matières enseignées et le nombre d'heures qui leur est consacré par semaine.

	NOMBRE D'HEURES PAR SEMAINE POUR CHAQUE COURS Classes					
MATIÈRES DE L'ENSEIGNEMENT :	I Div⁼ⁿ infʳᵉ	II	III	IV	V	VI Div⁼ⁿ supʳᵉ
Religion	2	2	1	1	1	1
Langue allemande.	6	6	4	4	4	4
Langue française	6	6	5	5	5	5
Langue anglaise.	»	»	5	4	4	4
Mathématiques et arithmétique commerciale	6	6	6	7	6	6
Géographie et histoire générales et commerciales.	3	3	4	4	4	4
Sciences naturelles, physiques et chimiques.	2	2	3	4	5	5
Science du commerce, comptabilité et correspondance commerciale	»	»	»	»	4	4
Calligraphie	2	2	2	1	»	»
Dessin	2	2	2	2	»	»
Gymnastique	2	2	2	2	2	2
NOMBRE TOTAL D'HEURES PAR SEMAINE.	31	31	34	34	35	35

L'enseignement est donné par 15 professeurs et les cours sont suivis par 212 élèves, ainsi répartis :

Classes I (Div⁼ⁿ infʳᵉ) 50 élèves âgés de 10 à 12 ans.
    — II   50   —   de 11 à 13 ans.
    — III   33   —   de 12 à 14 ans.
    — IV   33   —   de 13 à 15 ans.
    — V   20   —   de 14 à 16 ans.
    — VI (Div⁼ⁿ supʳᵉ) 12   —   de 15 à 17 ans.

En tout : 212 élèves, parmi lesquels figurent 14 auditeurs libres.

FRAIS D'ÉTUDES. — La rétribution scolaire est de 150 marcs (187 fr. 50) par an.

BUDGET. — Les dépenses totales de l'École s'élèvent environ à
57.000 marcs par an (71.250 francs). Cés dépenses sont couvertes :

Par les frais d'écolage qui sont de . . .	30.000 marcs	(37.500 fr.)
Par la subvention de la Commune . . .	25.000 —	(31.500 fr.)
Par les revenus de l'École	1.600 —	(2.000 fr.)
Par des dons particuliers	1.000 —	(1.250 fr.)
EN TOUT	57.600 marcs	(72.250 fr.)

L'École est installée dans des bâtiments qui appartiennent à la
Ville, et l'Administration n'a pas de loyer à payer.

La Municipalité lui donne, en outre, gratuitement, le chauffage et
l'éclairage.

14. — École commerciale municipale de Nüremberg.
(Städtische Handelsschule in Nüremberg.)

L'École commerciale municipale de Nüremberg a été fondée, en
1834, par la Municipalité. Elle est classée parmi les établissements
d'instruction supérieure. Elle reçoit une subvention de la Municipalité, qui est de 25.000 marcs (31.250 francs) par an, et la Direction
du Commerce lui alloue 400 marcs (500 francs) par an à titre de
bourses.

*Le diplôme de sortie donne droit au volontariat d'un an dans
l'armée allemande.*

Le régime intérieur est l'*externat*.

ENSEIGNEMENT. — L'enseignement comprend *3 années d'études
préparatoires et 6 années d'études normales.*

Pour être admis dans la première année de l'École de Commerce,
proprement dite, il faut passer un examen sur la *langue allemande*
et sur les *quatre règles*.

Le tableau suivant indique les matières enseignées dans les six
années d'études normales et le nombre d'heures qui leur est consacré
par semaine.

MATIÈRES DE L'ENSEIGNEMENT	NOMBRE D'HEURES PAR SEMAINE POUR CHAQUE COURS École de commerce Années					
	I Div⁰ⁿ infᵉ	II	III	IV	V	VI Div⁰ⁿ supᵉ
Religion	2	2	2	2	2	2
Langue allemande . . .	7	6	6	5	4	4
Langue française . . .	6	6	6	5	4	4
Langue anglaise . . .	»	»	»	3	3	5
Arithmétique.	6	6	6	4	2	2
Algèbre	»	»	»	2	2	2
Géométrie	»	»	»	2	2	2
Physique.	»	»	»	2	2	2
Chimie.	»	»	»	»	3	3
Histoire naturelle . . .	»	2	2	»	»	»
Histoire	»	»	2	2	2	2
Géographie.	2	2	2	2	2	2
Science du commerce et tenue des livres . . .	»	»	»	»	2	2
Calligraphie.	3	3	2	1	2	»
Dessin	»	2	2	»	»	»
NOMBRE TOTAL D'HEURES PAR SEMAINE	26	29	30	30	32	32

Il y a aussi un cours de sténographie qui est facultatif.

L'enseignement est donné par 21 professeurs et les cours sont suivis par 428 élèves, répartis comme suit :

COURS PRÉPARATOIRES

	Div⁰ⁿ infᵉ			Div⁰ⁿ supᵉ		
Années	I	II a	II b	III a	III b	Total
Nombre d'élèves. . .	41	29	30	33	37	**170**

ECOLE DE COMMERCE

	Div⁰ⁿ infᵉ						Div⁰ⁿ supᵉ	
Années	I	II a	II b	III	IV	V	VI	Total
Nombre d'élèves .	39	41	41	42	43	32	20	**258**

170 + 258 = 428 élèves.

Les élèves des cours préparatoires sont âgés de 7 à 10 ans. et ceux de l'École de Commerce, de 10 à 16 ans.

FRAIS D'ÉTUDES. — La rétribution scolaire est de :

120 marcs (150 francs) par an, pour chacun des deux cours supérieurs V et VI.

100 marcs (125 francs) par an, pour chacun des quatre autres cours I, II, III, IV.

80 marcs (100 francs) par an, pour chacun des cours de l'École préparatoire.

BUDGET. — Les dépenses totales de l'École s'élèvent à 70.000 marcs (87.500 francs) par an. Ces dépenses sont à peu près couvertes par les rétributions scolaires et par la subvention de la Municipalité.

. L'École est installée dans des bâtiments qui appartiennent à la Ville et l'Administration n'a pas de loyer à payer. La Municipalité lu donne, en outre, gratuitement, le chauffage et l'éclairage.

15. — École internationale de Commerce d'Osnabruck.

(Noelle'sche Handelsschule.)

L'École internationale de Commerce d'Osnabruck fondée en 1838, par le professeur Noelle, jouit en Allemagne d'une assez grande réputation. Elle a été fréquentée par plus de 3,000 jeunes gens de toutes les nationalités, qui y ont acquis des connaissances très pratiques et sont répandus en Europe ou dans les principaux comptoirs d'outre-mer.

Le diplôme de sortie donne droit au volontariat d'un an dans l'armée allemande.

L'École reçoit des élèves *internes* et des élèves *externes*.

ENSEIGNEMENT. — Les cours complets *durent trois ans.*

Les facultés enseignées à l'École sont : Les *langues allemande anglaise, française, espagnole* et *danoise*; le *commerce* (comptabilité, calcul commercial, affaires de banque et de bourse, lettre de change, etc.); les *mathématiques* et les *sciences naturelles*; la *géographie*; l'*histoire*; le *dessin*.

L'enseignement est donné par 9 professeurs et les cours sont suivis par 139 élèves répartis comme suit, en 3 classes.

IIIᵉ classe : 31 Allemands et 31 étrangers ;
. IIᵉ classe: 20 Allemands et 12 étrangers;
Iʳᵉ classe: 20 Allemands et 16 étrangers.

En tout 81 Allemands et 58 étrangers, parmi lesquels 3, seulement, sont Français.

FRAIS D'ÉTUDES. — Les frais d'études sont de 200 marcs (250 francs) par an.

Le prix de l'externat est de 800 marcs (1.000 francs) par an.

BUDGET. — L'École ne reçoit aucune subvention et les dépenses annuelles sont couvertes par les rétributions scolaires.

16. — École commerciale d'Offenbach sur le Mein.
(Handelsschule zu Offenbach-am-Mein.)

L'École commerciale d'Offenbach sur le Mein a été fondée, en 1859, par les commerçants et les fabricants d'Offenbach, sur l'initiative du docteur Naegler. A l'origine, elle avait pour but de donner une instruction purement commerciale aux jeunes gens ayant déjà fréquenté les Écoles publiques. Quelques années plus tard, on reconnut que l'instruction des élèves était trop inégale, et, dès l'année 1861, on créa des divisions inférieures qui permirent de recevoir des enfants âgés de 6 ans seulement. Enfin, une décision ministérielle du 16 octobre 1869, ayant classé cette École parmi les établissements dont le *diplôme de sortie donne droit au volontariat d'un an dans l'armée allemande*, l'Administration a dû créer certains cours complémentaires qui ne préparent pas spécialement à la carrière commerciale.

L'École commerciale d'Offenbach doit donc être considérée comme étant à la fois une École d'enseignement commercial et une École d'enseignement technique.

On y admet des élèves *internes* et des élèves *externes* âgés de 6 à 20 ans.

ENSEIGNEMENT. — La durée complète des études est de 10 ans.

Les cours comprennent : Une *division inférieure* et une *division supérieure*.

I. — Division inférieure.

Dans la division inférieure, on admet des élèves âgés de 6 à 14 ans. Son programme répond à l'enseignement général qui est donné dans les Écoles communales supérieures; il comprend 3 cours de deux ans chacun et un cours d'une année seulement. Chaque classe ne renferme qu'un très petit nombre d'élèves.

Les différentes matières enseignées dans la division inférieure sont : La *religion*, l'*écriture* et la *lecture*, la *langue allemande*, la *langue française*, la *langue anglaise*, les *exercices de style*, l'*arithmétique* et la *géométrie*, la *géographie* et l'*histoire générales*, l'*histoire naturelle*, la *physique*, la *calligraphie* et le *dessin*.

FRAIS D'ÉTUDES. — Le prix annuel de le pension est de :

104 marcs (130 francs) pour les élèves externes de 6 à 8 ans ;
140   »   (175 francs)   —   —   de 8 à 10 ans ;
176   »   (220 francs)   —   —   de 10 à 12 ans ;
208   »   (260 francs)   —   —   de 12 à 20 ans.

II. — Division supérieure.

Pour être admis dans la division supérieure, il faut :

1° Être âgé de 14 ans au moins et de 20 ans au plus ; 2° avoir suivi les cours de la division inférieure de l'École, ou avoir subi un examen permettant de constater qu'on possède des connaissances suffisantes.

Cette division comprend 3 cours ayant chacun une durée d'un an seulement.

Les différentes matières enseignées dans la division supérieure sont :

La *langue allemande*, la *langue française*, la *langue anglaise*, l'*histoire* et la *géographie commerciales*, les *mathématiques*, la *chimie*, la *physique*, l'*étude des marchandises*, l'*arithmétique commerciale* et *financière*, la *correspondance*, la *tenue des livres*, l'*économie politique*, le *droit commercial complet*, la *calligraphie*, le *dessin* et la *gymnastique*.

Les cours de *langue espagnole*, de *langue italienne* et de *langue hollandaise* sont facultatifs, et payés en sus du prix de la pension. Des professeurs de français et d'anglais, qui demeurent dans l'École, accompagnent les élèves dans leurs excursions hebdomadaires et causent fréquemment avec eux en français ou en anglais.

Le nombre total d'élèves qui suivent les deux divisions est de 92.

FRAIS D'ÉTUDES. — Le prix des cours de la division supérieure, pour les élèves externes, est de 260 marcs (325 francs) par an.

Internat. — Ainsi que nous l'avons dit plus haut, l'École prend aussi des élèves internes, et elle s'efforce de remplacer la famille auprès des pensionnaires. Le nombre de ces élèves est limité à quinze, et la plupart de ces jeunes gens sont de *nationalité française*.

Le Directeur et sa famille, ainsi qu'un grand nombre de professeurs, font table commune avec les élèves.

Les prix de l'internat sont de :

1.000 à 1.200 marcs (1.250 à 1.500 francs) par an pour les Allemands ;

1.200 à 1.500 marcs (1.500 à 1.875 francs) par an pour les étrangers.

Ces sommes sont payables par trimestre et d'avance.

BUDGET. — L'École est installée dans des bâtiments qui appartiennent à la Ville, et l'Administration n'a pas de loyer à payer.

17. — École supérieure de Commerce de Stuttgard.
(Höhere Handelsschule zu Stuttgart.)

L'École supérieure de Commerce de Stuttgard a été fondée en 1871 ; elle est placée sous la surveillance du Ministère des Cultes.

L'École reçoit annuellement comme subventions :

2.000 marcs (2.500 francs) de l'État.

1.000 marcs (1.250 francs) de la Ville.

Le diplôme de sortie donne droit au volontariat d'un an dans l'armée allemande.

Le régime intérieur de l'École est l'*externat*.

ENSEIGNEMENT. —L'enseignement comprend 4 cours qui durent chacun six mois. Toutefois, ces cours sont organisés de telle façon qu'on puisse les suivre avec fruit en entrant, soit au commencement de l'année scolaire (Pâques), soit au milieu de l'année scolaire (St.-Michel).

Le IVe cours (Division inférieure) peut être considéré comme une division préparatoire. Les jeunes gens qui ont suivi les cours d'une École supérieure du Gouvernement peuvent entrer directement dans le IIe cours et acquérir en deux années les connaissances commerciales indispensables.

Le tableau suivant indique les matières enseignées dans les différents cours et le nombre d'heures consacré par semaine à chacune de ces matières.

ENSEIGNEMENT OBLIGATOIRE :	NOMBRE D'HEURES PAR SEMAINE POUR CHAQUE COURS Classes			
	IV Div^{on} inf^{re}	III	II	I Div^{on} sup^{re}
Langue allemande.	3	2	2	1
Littérature allemande	1	1	1	1
Histoire littéraire.	»	1	2	2
Langue française.	6	5	6	5
Langue anglaise.	5	5	4	5
Géographie générale.	4	»	»	»
Géographie commerciale.	»	2	2	2
Histoire générale.	3	2	2	2
Histoire commerciale.	»	1	1	2
Histoire naturelle.	4	»	»	»
Chimie et étude des marchandises . .	»	3	3	3
Géométrie plane	2	1	2	2
Algèbre	2	2	»	»
Algèbre commerciale	»	»	2	2
Arithmétique	3	4	2	2
Tenue des livres et correspondance. .	»	2	2	2
Science du commerce et droit commercial.	»	2	1	2
Économie politique	»	1	2	2
Lois sur les effets de commerce . . .	»	»	»	1
Calligraphie	2	2	2	»
NOMBRE TOTAL D'HEURES PAR SEMAINE.	35	36	36	36
ENSEIGNEMENT FACULTATIF :				
Langue espagnole.	»	2	2	2
Langue italienne	»	2	2	2
Sténographie	»	2	2	2
NOMBRE TOTAL D'HEURES PAR SEMAINE.	»	6	6	6

L'enseignement est donné par 8 professeurs, et les élèves qui suivent les cours de l'École sont au nombre de 76 répartis de la manière suivante :

	Div^{on} inf^{re}		Div^{on} sup^{re}		
Cours	IV	III	II	I	Total
Nombre d'élèves	15	22	20	19	76

L'âge de ces jeunes gens varie de 14 à 20 ans.

Parmi ces 76 élèves, il y a 15 étrangers.

FRAIS D'ÉTUDES. — La rétribution scolaire est de 300 marcs (375 francs) par an, pour chacun des cours normaux et de 250 marcs (312 fr. 50) pour le cours commercial d'un an. Les cours facul-

tatifs de langue espagnole et de langue italienne se paient 25 marcs
(31 fr. 25) par semestre. Le cours facultatif de sténographie se paie
15 marcs (18 fr. 75) par semestre.

BUDGET. — L'École est propriétaire des bâtiments dans lesquels
elle est installée; l'Administration n'a donc pas de loyer à payer.

II

GYMNASES ET ÉCOLES RÉALES, AVEC DIVISIONS SPÉCIALES POUR LE
COMMERCE, AUTORISÉS A DÉLIVRER LE CERTIFICAT D'APTITUDE AU
VOLONTARIAT D'UN AN.

		ÉLÈVES RÉGULIERS DU JOUR	APPRENTIS DE COMMERCE
1 **Cassel.**	École royale d'Industrie et de Commerce.	5	»
2 **Kaiserlautern**	École réale avec Division commerciale.	13	
3 **Francfort**	Gymnase réal avec École commerciale.	20	»
4 **Furth**	École réale avec Division commerciale.	63	123
5 **Landshut**	École réale et royale avec Division commerciale	27	»
6 **Zittau**	École supérieure de Commerce annexée au Gymnase réal et royal.	30	»
	TOTAUX.	148	123

Les Divisions commerciales établies dans les Gymnases et dans les Écoles réales ci-dessus désignés ne renferment qu'un nombre assez restreint d'élèves. Cela tient à ce que l'esprit des *universitaires allemands* est à peu près le même que celui des *universitaires français*. Les recteurs qui dirigent les Gymnases et les Écoles réales considèrent les cours commerciaux comme un accessoire auquel ils s'intéressent médiocrement.

1. — École royale d'Industrie et de Commerce de Cassel.

(Königliche Gewerbe und Handelsschule zu Kassel.)

L'École royale d'Industrie et de Commerce de Cassel comprend six années d'études, plus une division spéciale pour l'industrie,

dont les cours durent deux ans, et un *cours commercial* d'une
année.

*Le diplôme délivré à la fin des six années d'études normales
donne droit au volontariat d'un an dans l'armée allemande.*

ENSEIGNEMENT. —Le tableau suivant indique les matières enseignées au cours commercial, et le nombre d'heures qui leur
est consacré par semaine.

MATIÈRES DE L'ENSEIGNEMENT	NOMBRE D'HEURES PAR SEMAINE
Langue allemande..	2
Langue française.	3
Langue anglaise.	3
Histoire et géographie commerciales et économie politique.	7
Mathématiques et calcul commercial.	3
Chimie et étude des marchandises.	3
Comptabilité et étude des changes.	5
Correspondance commerciale et science du Commerce. . .	4
Technologie..	3
Calligraphie.	.2
NOMBRE TOTAL D'HEURES PAR SEMAINE . . .	35

5 élèves seulement suivent le cours commercial.

FRAIS D'ÉTUDES. — La rétribution scolaire pour cette classe
est de 100 marcs (125 francs) par an.

BUDGET. — Les bâtiments dans lesquels l'École d'Industrie et
de Commerce est installée appartiennent à l'État. L'Administration
n'a donc pas de loyer à payer.

2. — École réale de Kaiserlautern avec Division commerciale.

(Königliche Realschule mit Handelsabtheilung zu Kaiserlautern.)

L'École réale de Kaiserlautern comprend 6 années de cours et
reçoit des élèves dès l'âge de 10 ans.

Les élèves de la Ve et de la VIe classe (division supérieure) qui
se destinent à la carrière commerciale sont dispensés des cours
de géométrie descriptive et de dessin, et ils suivent un *Cours*

spécial de commerce sur l'*arithmétique*, la *tenue des livres*, les premières notions de *droit commercial* et la *calligraphie*.

Le diplôme délivré à la fin du Cours spécial de commerce donne droit au volontariat d'un an dans l'armée alllemande.

Sur 250 élèves qui fréquentent les cours de l'École réale, 13 seulement suivent les cours de la division commerciale et sont répartis de la manière suivante :

	Div⁰⁰ inf⁰⁰	Div⁰⁰ sup⁰⁰	
	V	VI	Total
Classes.............			
Nombre d'élèves	8	5	**13**

FRAIS D'ÉTUDES. — La rétribution scolaire est de 30 marcs (37 fr. 50) par an.

BUDGET. — Les bâtiments dans lesquels l'École est installée appartiennent à l'État ; l'Administration n'a donc pas de loyer à payer.

3. — Gymnase réal de Francfort avec École commerciale.

(Realgymnasium nebst Handelsschule zu Frankfurt am Mein.)

Le Gymnase réal de Francfort est placé sous la direction du Conseil Municipal et comprend six années d'études.

C'est seulement dans les deux dernières années (IIme et Ire) que les élèves de la *section du Commerce* suivent des cours spéciaux.

Le diplôme d'études donne droit au volontariat d'un an dans l'armée allemande.

ENSEIGNEMENT. — Le tableau suivant indique les matières enseignées et le nombre d'heures qui leur est consacré par semaine.

ENSEIGNEMENT OBLIGATOIRE :	NOMBRE D'HEURES PAR SEMAINE POUR CHAQUE COURS Classes	
	II Div<n inf<re	I Div<n sup<re
Religion.	2	»
Langue allemande.	3	3
Langue française.	6	6
Langue anglaise.	5	5
Histoire et géographie.	3	3
Mathématiques et calcul.	5	5
Chimie.	2	2
Calligraphie.	2	1
Dessin.	2	2
Économie politique.	2	2
Droit commercial.	2	2
Science du commerce et tenue des livres.	2	2
Gymnastique.	2	2
NOMBRE TOTAL D'HEURES PAR SEMAINE.	38	35
ENSEIGNEMENT FACULTATIF :		
Langue italienne ou espagnole.	»	2
Laboratoire (manipulations).	2	2
NOMBRE TOTAL D'HEURES PAR SEMAINE.	2	4

La section du commerce n'est fréquentée que par une vingtaine d'élèves qui se trouvent presque tous dans la II⁰ classe. Ces jeunes gens sont âgés de 17 ans environ. Il existe une section spéciale pour les étrangers et les cours qui y sont faits sont à peu près les mêmes que ceux de la section du commerce.

Le nombre des élèves étrangers est de 12 environ.

FRAIS D'ÉTUDES. — La rétribution scolaire est de 150 marcs (187 fr. 50) par an.

BUDGET. — Les bâtiments dans lesquels l'école est installée appartiennent à l'État. L'Administration n'a donc pas de loyer à payer.

4. — École réale et royale de Furth avec Division commerciale.

(Königliche Realschule mit Handelsabtheilung zu Furth.)

Il y a dans l'École réale de Furth une *Division spéciale* pour les élèves du jour qui se destinent au *commerce* et une division pour

4

les *apprentis du commerce.* Les cours de cette dernière division ont lieu le soir.

I. — Division de commerce des élèves du jour.

Jusqu'en 1873, l'enseignement de l'École comprenait deux divisions bien distinctes : l'une industrielle, l'autre commerciale, et la durée des études dans chaque division était de trois ans. On prenait des élèves à l'âge de 12 ans. Depuis cette époque l'enseignement a été réorganisé en six années d'études. Les élèves entrent à 10 ans et ont généralement passé par toutes les classes à l'âge de 16 ou 17 ans. C'est seulement dans les deux dernières années (V° et VI° classe) que les élèves qui se destinent au commerce reçoivent, à la place du dessin et de la géométrie descriptive, un enseignement spécial sur la calligraphie et la science du commerce (comptabilité, droit, etc.).

Le diplôme de sortie délivré à la fin des études donne droit au volontariat d'un an dans l'armée allemande.

L'École compte en tout 421 élèves réguliers, parmi lesquels 53 sont inscrits pour la division commerciale, et sont répartis de la manière suivante :

	Div⁰ⁿ infᵉ	Div⁰ⁿ supᵉ	
Classes.	V	VI	Total
Nombre d'élèves	35	18	**53**

FRAIS D'ÉTUDES. — La rétribution scolaire est de 18 marcs (22 fr. 50) par an.

II. — Division pour les apprentis de commerce.

Des cours sont faits le soir pour les apprentis de commerce et pour les apprentis d'industrie.

Les cours de la section des *apprentis de commerce* durent deux ans. Les matières enseignées sont les suivantes :

	NOMBRE D'HEURES PAR SEMAINE POUR CHAQUE COURS Années	
MATIÈRES DE L'ENSEIGNEMENT :	I Div⁰ⁿ infᵉ	II Div⁰ⁿ supᵉ
Arithmétique commerciale	1	1
Science du commerce	1	1
Histoire et géographie commerciales	1	1
NOMBRE TOTAL D'HEURES PAR SEMAINE	3	3

123 apprentis de commerce suivent ces cours et sont répartis comme suit :

Années	Div^on inf^re		Div^on sup^re		Total
	Ia	Ib	IIa	IIb	
Nombre d'élèves . . .	36	35	27	25	**123**

FRAIS D'ÉTUDES. — Les cours sont gratuits.

BUDGET. — Les bâtiments dans lesquelles l'École est installée appartiennent à l'État. L'Administration n'a pas de loyer à payer.

5. — École réale et royale de Landshut avec Division commerciale.

(Königliche Realschule mit Handelsabtheilung zu Landshut.)

27 élèves suivent les cours de la Division commerciale.

6. — École supérieure de Commerce de Zittau, annexée au Gymnase réal et royal.

(Die höhere Handelsschule im Königl. Realgymnasium zu Zittau.)

C'est pour répondre aux demandes nombreuses qui ont été adressées au Recteur, qu'une École supérieure de Commerce a été annexée au Gymnase royal de Zittau.

ENSEIGNEMENT. — Les cours de cette École comprennent deux années d'études, et marchent parallèlement avec la 3e supérieure et la 2e inférieure du Gymnase.

Les élèves de l'École supérieure de Commerce sont réunis à ceux du Gymnase pour les facultés suivantes : la *religion;* la *langue allemande;* la *langue française;* la *langue anglaise;* les *mathématiques;* l'*histoire naturelle* et la *physique;* mais ils sont dispensés de l'enseignement du *latin,* de l'*histoire générale,* de la *géographie générale,* et du *dessin géométrique.* Ils suivent des cours spéciaux de *tenue des livres,* de *correspondance commerciale* en *allemand,* en *français* et en *anglais,* de *géographie*

et d'*histoire commerciales*, d'*arithmétique commerciale* y compris la
banque et le *change*, et enfin le *droit commercial*.

A la fin des deux années d'études, les élèves de l'École supérieure
de Commerce reçoivent un *diplôme qui leur donne droit au volontariat d'un an dans l'armée allemande.*

Le plan d'enseignement spécial aux élèves de la division du commerce est le suivant :

MATIÈRES DE L'ENSEIGNEMENT :	NOMBRE D'HEURES PAR SEMAINE POUR CHAQUE COURS Classes	
	II Div^{on} inf^{re}	I Div^{on} sup^{re}
Étude du Commerce et du droit commercial	2	2
Tenue des livres et opérations de comptabilité. . . .	2	2
Correspondance commerciale.	2	2
Arithmétique commerciale.	2	2
Histoire et géographie commerciales.	2	2
NOMBRE TOTAL D'HEURES PAR SEMAINE. . .	10	10

Pour être admis dans la *Division inférieure*, l'élève doit posséder
les connaissances nécessaires pour entrer dans la 3e du Gymnase.

30 élèves environ fréquentent les deux divisions du commerce.

FRAIS D'ÉTUDES. — La rétribution scolaire est de 120 marcs
(150 fr.) par an, pour chaque division.

BUDGET. — Les bâtiments dans lesquels l'École est installée
appartiennent à la ville de Zittau ; l'Administration n'a donc pas de
loyer à payer.

III

PRINCIPALES ÉCOLES DE COMMERCE AVEC OU SANS DIVISION SPÉCIALE
POUR LES APPRENTIS DE COMMERCE. ET DONT LE DIPLOME NE DONNE
PAS DROIT AU VOLONTARIAT D'UN AN.

			ÉLÈVES RÉGULIERS DU JOUR	APPRENTIS DE COMMERCE
1	**Bautzen**	Institut commercial public. . . .	47	69
2	**Berlin**	Académie de Commerce de M. Salomon.	100	»
3	**Darmstadt**	École des Hautes Etudes Techniques	15	»
4	**Dresden-Neustadt**	École supérieure de Commerce. .	75	»
5	**Hambourg**	École réale avec progymnase et Cours commerciaux.	60	»
6	**Hanovre**	École commerciale municipale. .	253	»
7	**Leipzig**	Institut de Commerce.	20	100
8	**Lubeck**	Institut pratique de Commerce. .	20	»
9	**Pirna**	Ecole publique de Commerce . .	35	50
		Totaux.	625	219

1. — Institut commercial public de Bautzen.

(Oeffentliche Handelslehranstalt zu Bautzen.)

L'Institut public de Commerce de Bautzen a été fondé en 1856.
Il est placé sous la surveillance d'un Conseil formé de négociants
de la ville, et sous les contrôles du Conseil municipal et du Ministère de l'Intérieur.

L'Institut comprend trois divisions bien distinctes :

1° *Une École supérieure de Commerce.*

2° *Un Cours spécial pour le commerce et pour la préparation au
volontariat d'un an.*

3° *Une division pour les apprentis de commerce.*

A la fin des études, l'École délivre des diplômes.

Les élèves les plus méritants peuvent recevoir des diplômes
d'honneur qui, d'ailleurs, ne donnent pas droit au volontariat
d'un an.

L'enseignement est donné par 6 professeurs.

Le régime intérieur de l'École est *l'externat* ; mais les élèves qui désirent être *internes* peuvent trouver dans la ville de Bautzen des professeurs qui leur sont recommandés par la Direction de l'École et qui les prennent pour des sommes variant, suivant l'âge, de 360 marcs (450 fr.) à 600 marcs (750 fr.) par an.

I. — École supérieure de Commerce.

Les cours de cette École durent 2 ans. Pour être admis dans la IIᵉ classe (Div. inf.), les candidats doivent avoir 14 ans révolus et subir un examen qui porte sur les matières suivantes :

1° Rédaction d'une *narration allemande* sans fautes grossières d'orthographe et de grammaire :

2° Connaissance de la *grammaire française* jusqu'aux verbes réguliers inclus.

3° *Calcul : Quatre règles — Nombres entiers — Fractions — Fractions décimales — Proportions — Règles de trois.*

4° *Géographie* et *Histoire générales.*

Les candidats qui veulent entrer directement dans la Iʳᵉ classe, subissent un examen sur les matières de la IIᵉ classe (Div. inf.).

ENSEIGNEMENT. — Le tableau suivant indique les matières enseignées et le nombre d'heures qui leur est consacré.

| | NOMBRE D'HEURES PAR SEMAINE POUR CHAQUE COURS | |
| | Classes | |
MATIÈRES DE L'ENSEIGNEMENT :	II Divᵒⁿ infʳᵉ	I Divᵒⁿ supʳᵉ
Science du commerce et économie politique. . .	2	3
Opérations de comptabilité et tenue des livres . .	3	3
Arithmétique commerciale .. . . '	6	5
Correspondance commerciale	2	1
Langue allemande et littérature.	4	3
Langue française et correspondance.	6	6
Langue anglaise et correspondance	5	5
Géographie générale et commerciale.	2	2
Histoire générale et commerciale	2	2
Histoire naturelle	»	2
Calligraphie.	2	2
NOMBRE TOTAL D'HEURES PAR SEMAINE. .	34	34

Les cours de l'École de Commerce sont suivis par 19 élèves répartis de la manière suivante :

Classes.	Div⁰ⁿ infʳᵉ	Div⁰ⁿ supʳᵉ	
Classes	II	I	Total
Nombre d'élèves	10	9	**19**

Ces élèves sont âgés de 14 à 20 ans.

FRAIS D'ÉTUDES. — La rétribution scolaire, à l'École supérieure de Commerce, est de 150 marcs (187 fr. 50) par an.

Chaque élève paie, en outre, à son entrée à l'École 5 marcs (6 fr. 25) pour la Bibliothèque, et 1 marc (1 fr. 25) à sa sortie pour le certificat d'études.

II. — Cours spécial pour le commerce et la préparation au volontariat.

Cette division comprend 2 cours qui durent chacun, une année.

Le cours A est destiné aux élèves sortant de l'École supérieure de Commerce et même de l'École des apprentis, qui désirent se préparer à l'examen du volontariat d'un an.

Le cours B est destiné aux jeunes gens qui sont déjà employés de commerce et aux élèves qui sortent des Lycées et des Gymnases, et qui ne peuvent consacrer qu'une année à leur enseignement commercial.

ENSEIGNEMENT. — Le tableau suivant indique les matières enseignées et le nombre d'heures qui leur est consacré par semaine.

MATIÈRES DE L'ENSEIGNEMENT :	NOMBRE D'HEURES PAR SEMAINE POUR CHAQUE COURS	
	Cours A Volontariat	Cours B Commerce
Science du commerce et économie politique . . .	»	3
Opérations de comptabilité et tenue des livres . .	»	3
Arithmétique commerciale	»	3
Correspondance commerciale	»	3
Langue allemande et littérature.	3	»
Langue française	3	»
Langue anglaise	3	»
Géographie	2	»
Histoire.	2	»
Mathématiques.	6	»
Histoire naturelle	2	»
Calligraphie.	»	3
NOMBRE TOTAL D'HEURES PAR SEMAINE . .	21	15

Le nombre des élèves qui suivent les cours A et B est de 28. L'âge de ces élèves varie de 16 à 21 ans.

FRAIS D'ÉTUDES. — La rétribution scolaire de chacun de ces cours est de 120 marcs (150 fr.) par an, pour les jeunes gens employés chez des patrons qui font partie de la Société des négociants de Bautzen. Les élèves qui ne remplissent pas cette condition, paient 150 marcs (187 fr. 50). Chaque élève paie, en outre, à son entrée à l'École, 5 marcs (6 fr. 25) pour la Bibliothèque et 1 marc (1 fr. 25) à sa sortie pour le certificat d'études.

III. — Division des apprentis de commerce.

Les Cours de cette Division sont essentiellement pratiques et comprennent 3 années d'études.

Les apprentis doivent être âgés de 14 ans au moins. Ils ne sont admis dans la IIIᵉ classe (Div. inf.) qu'après avoir subi un examen qui porte sur la *langue allemande*, l'*arithmétique élémentaire* et la *Géographie générale*.

Pour entrer dans la IIᵉ ou dans la Iʳᵉ classe, il faut posséder les matières enseignées dans la classe immédiatement inférieure.

ENSEIGNEMENT. — Le tableau suivant indique les matières enseignées et le nombre d'heures qui leur est consacré par semaine.

MATIÈRES DE L'ENSEIGNEMENT :	NOMBRE D'HEURES PAR SEMAINE POUR CHAQUE COURS Classes		
	III Divᵒⁿ infʳᵉ	II	I Divᵒⁿ supʳᵉ
Science du commerce et économie politique .	»	2	2
Opérations de comptabilité et tenue des livres	2	2	1
Arithmétique commerciale	4	2	2
Correspondance commerciale	»	1	1
Langue allemande et littérature	4	2	1
Langue française et correspondance	3	2	2
Langue anglaise et correspondance	»	2	2
Géographie générale et commerciale.	»	2	2
Histoire générale et commerciale	»	»	2
Calligraphie	2	»	»
NOMBRE TOTAL D'HEURES PAR SEMAINE. .	15	15	15

Ces cours sont suivis par 69 élèves ainsi répartis :

	Divᵒⁿ infʳᵉ		Divᵒⁿ supʳᵉ	
Classes	III	II	I	Total
Nombre d'élèves	25	21	23	**69**

FRAIS D'ÉTUDES. — Les apprentis employés chez des patrons faisant partie de la Société des négociants de Bautzen paient 80 marcs (100 fr.) par an. Ceux qui ne remplissent pas cette condition. paient 120 marcs (150 fr. par an).

BUDGET. — L'École est intallée dans des bâtiments qui appartiennent à la Municipalité, et l'Administration n'a pas de loyer à payer.

2. — Académie de Commerce de Salomon à Berlin.
(Salomon's Handelsakademie zu Berlin.)

L'Académie de Commerce de Salomon à Berlin a été fondée en 1858. Elle comprend une *École de Commerce* et des *Cours du jour et du soir pour les deux sexes.*

I. — École de Commerce.

Les cours de l'École de Commerce sont organisés en vue de permettre aux jeunes gens qui sortent des Écoles du Gouvernement, d'acquérir promptement les connaissances nécessaires pour la pratique des affaires.

Les cours ne durent que 6 mois et les matières enseignées sont les suivantes :

MATIÈRES DE L'ENSEIGNEMENT	NOMBRE D'HEURES PAR SEMAINE POUR CHAQUE COURS
Calcul commercial.	3
Calcul de tête.	1
Tenue des livres.	2
Comptabilité générale.	1
Correspondance commerciale.	1
Calligraphie	2
Géographie commerciale.	2
Droit commercial — Banque et Change.	2
Langue française.	2
Langue anglaise.	2
Langue allemande.	2
Sténographie.	2
NOMBRE D'HEURES PAR SEMAINE	22

Ces cours sont suivis par 100 élèves environ.

FRAIS D'ÉTUDES. — La rétribution scolaire est de 90 marcs (112 fr. 50) payables en 2 termes.

II. — Cours du jour et du soir pour les deux sexes.

Ces cours ont lieu 2 fois par semaine et pendant 3 mois.

Les facultés qui y sont enseignées sont les suivantes :

Cours des hommes. — Tenue des livres; Calcul commercial; Change; Correspondance; Droit commercial.

Cours des dames. — Tenue des livres; Eléments du calcul; Droit commercial; Correspondance; Calligraphie; Connaissances générales du commerce; Sténographie.

Cours facultatifs. — Langue française et Langue anglaise.

FRAIS D'ÉTUDES. — La rétribution pour les 3 mois de cours est de 75 marcs (93 fr. 75) et de 60 marcs (75 francs) pour les cours des hommes.

BUDGET. — L'Académie de Commerce de Salomon vit de ses propres ressources.

3. — École des Hautes Études techniques de Darmstadt.

(Grossherzogliche Technische Hochschule zu Darmstadt.)

L'École des Hautes Études techniques de Darmstadt ne consacre que 2 heures par semaine aux études commerciales, pendant le semestre d'hiver.

A leur sortie, presque tous les élèves entrent dans l'Industrie, à l'exception de 15 élèves environ qui choisissent la carrière commerciale proprement dite.

4. — École supérieure de Commerce de Dresde (Ville nouvelle).

(Höhere Handelsschule zu Dresden-Neustadt.)

L'École supérieure de Commerce de Dresden-Neustadt a été fondée en 1860. Elle comprend :

1° *Une division pour les élèves réguliers* (3 classes).

II° *Une division pour les apprentis de commerce* (2 classes et un cours préparatoire).

III° *Des cours du soir.*

Cette École compte 75 élèves et 5 professeurs.

5. — École réale avec progymnase et cours commerciaux de Hambourg.

L'École réale, avec progymnase et cours commerciaux de Hambourg, appartient à M. Otto, qui en est le Directeur.

Son enseignement comprend 10 classes, dont deux pour les jeunes gens qui se destinent au commerce. Ces classes sont fréquentées par 60 élèves environ.

6. — École commerciale municipale de Hanovre.
(Städtische Handelsschule zu Hanover.)

L'École commerciale municipale de Hanovre a été fondée en 1837 et réorganisée en 1879. Elle comprend :

Une division élémentaire et un cours spécial de commerce.

Le nombre total des élèves qui fréquentent les cours est de 253. L'enseignement y est donné par 13 professeurs.

Division élémentaire.

Cette division se compose de 5 classes et la durée des cours de chaque classe est d'un semestre.

Pour être admis dans la Ve classe (Div. inf.), il suffit de connaître les *éléments du calcul* et de *la langue allemande*. Pour être admis dans la IVe classe, le candidat doit justifier qu'il a suivi les cours d'un Collège ou qu'il a terminé sa 4e classe dans un Gymnase ; il doit, en outre, pouvoir lire couramment le *français*.

L'admission dans la IIIe classe n'a lieu que par promotion.

Pour être admis dans la IIe classe, le candidat doit avoir suivi les classes supérieures d'un Gymnase ou être muni de son certificat d'aptitude au volontariat d'un an.

L'admission dans la 1re classe a lieu, comme pour la IIIe classe, par promotion.

Les cours ont lieu de 6 à 8 heures du matin en été, et de 7 à 9 heures du matin en hiver.

Le tableau suivant indique le plan d'études de la division élémentaire :

MATIÈRES DE L'ENSEIGNEMENT :	NOMBRE D'HEURES PAR SEMAINE POUR CHAQUE COURS Classes				
	V Div⁰ⁿ infⁱᵉ	IV	III	II	I Div⁰ⁿ supⁱᵉ
Langue allemande	2	1	1	1	1
Langue française et correspondance. . . ! . .	2	2	2	2	2
Langue anglaise et correspondance.	»	2	2	2	2
Calcul appliqué au commerce.	3	3	3	2	2
Tenue des livres.	»	»	»	2	2
Science commerciale	1	1	1	1	
Correspondance	»	1	1	1	1
Géographie commerciale	1	1	1	1	1
Calligraphie.	2	1	1	»	»
NOMBRE TOTAL D'HEURES PAR SEMAINE. . .	11	12	12	12	12
Sténographie (facultative).	»	»	»	2	2

Cours spécial de Commerce.

Le cours spécial ne dure que pendant six mois et a pour but de permettre aux jeunes gens qui ont terminé la 1e classe de la division élémentaire « d'étendre leurs connaissances commerciales ».

On admet aussi dans ce cours les jeunes gens munis du certificat de capacité délivré à la fin de la seconde supérieure d'un Gymnase.

Les facultés enseignées sont les suivantes :

MATIÈRES DE L'ENSEIGNEMENT :	NOMBRE D'HEURES PAR SEMAINE POUR CHAQUE COURS
Tenue des livres	2
Correspondance commerciale allemande.	1
Calcul appliqué au commerce.	2
Technologie chimique	1
Droit commercial.	1
Lois sur le change	1
Correspondance commerciale française.	2
Correspondance commerciale anglaise.	2
NOMBRE TOTAL D'HEURES PAR SEMAINE	12

FRAIS D'ÉTUDES. — La rétribution de chaque cours de la division élémentaire et du cours spécial est de 60 marcs (75 francs).

L'École dispose d'un certain nombre de bourses, et elle accorde, en outre, des secours en argent, aux élèves sans fortune qui ont subi avec succès les examens de sortie de la 1re classe de la division élémentaire ou du cours spécial.

BUDGET. — Les bâtiments dans lesquels l'École est installée appartiennent à la Municipalité, et l'Administration n'a pas de loyer à payer.

Règlement. —Nous donnons, à titre de renseignement, un extrait des règlements de l'École qui présentent cette particularité, que certaines infractions de la part des élèves sont punies par des amendes pécuniaires.

« Les élèves qui s'absentent sans cause valable, sont cités devant le Conseil de l'École ; en cas de récidive, il est porté plainte contre eux au Conseil Municipal qui peut leur infliger une amende de 1 à 15 marcs.

Les élèves doivent comparaître devant le Conseil de l'École ou devant le Directeur, sur l'invitation qui leur est faite.

S'ils en sont empêchés pour cause de maladie ou pour une raison majeure, l'invitation à comparaître est envoyée aux correspondants qui doivent en accuser réception au Directeur, faute de quoi on considère comme volontaire la non-comparution de l'élève, qui est passible d'une amende de 1 à 3 marcs.

Chaque élève doit, lorsqu'il arrive à l'École, se rendre dans sa salle, à la place qui lui est désignée. Il est interdit de se rassembler devant l'École ainsi que de fumer ; les délinquants sont punis d'une amende de 1 marc qui, en cas de récidive, est portée à 3 marcs.

Il est permis à tout élève de faire usage des livres de la Bibliothèque de l'École, s'il s'engage à rendre en bon état les ouvrages qui lui sont confiés. Quatorze jours avant la clôture de chaque semestre, les livres prêtés doivent être rendus à la Bibliothèque. Dans le cas contraire, l'inspecteur exige cette restitution et inflige une amende de 0 fr. 20 c. à ceux qui ont motivé cette réclamation. »

7. — Institut de Commerce pour les commis de Leipsig, et les jeunes gens qui se destinent au commerce.

(Handelslehranstalt für Commis und junge Geschäftsleute.)

L'Institut de Commerce pour les Commis et les jeunes gens qui se destinent au commerce a été fondé, en 1869, par le docteur F. Booch-Arkossy, qui en est le propriétaire.

Cet Institut comprend 2 divisions bien distinctes :

I° *Une division pour les commis de commerce;*

II° *Une division, avec pensionnat, pour les élèves réguliers, allemands ou étrangers.*

Plus de 2.000 jeunes gens ont déjà fréquenté l'établissement du docteur F. Booch-Arkossy. L'étude des langues y est d'abord l'objet de soins tout spéciaux de la part du Directeur, qui possède lui-même la connaissance de 15 langues vivantes.

I. — Division pour les commis de commerce.

ENSEIGNEMENT. — La durée des cours est de 3 ans, et les matières enseignées sont les suivantes :

1° *Langues: allemande, anglaise, française, hollandaise, italienne, portugaise et espagnole,* avec étude de la *correspondance commerciale* dans ces différentes langues.

2° *Droit commercial.*

3° *Science du commerce.*

4° *Tenue des livres en partie simple et en partie double.*

5° *Géographie et statistique commerciales.*

6° *Technologie et Étude des Marchandises.*

7° *Calcul commercial.*

8° *Calligraphie.*

Ces différentes cours ont lieu le matin, de 6 heures à 9 heures, et le soir de 6 heures à 9 heures.

Deux heures par semaine, environ, sont consacrées à chacune des matières de l'enseignement.

L'enseignement est donné par 6 professeurs; les cours sont fréquentés par 100 employés environ.

L'âge de ces employés de commerce varie de 18 à 30 ans.

FRAIS D'ÉTUDES. — La rétribution scolaire est de 60 marcs (75 fr.) par mois.

II. — Division avec Internat pour les élèves réguliers allemands ou étrangers.

Le nombre des élèves de cette division est fixé à 20, chiffre maximum, afin, disent les règlements, d'obtenir les meilleurs résultats possibles.

La durée des cours est de 2 à 3 ans.

Les jeunes gens sont reçus à partir de 14 ans.

Les matières enseignées sont les suivantes :

1° *Langues* : allemande, anglaise, française, italienne, portugaise, hollandaise. danoise, suédoise, russe, polonaise, hongroise, roumaine, grecque moderne.

L'étude des langues *allemande, anglaise et française* est obligatoire.

Le cours d'allemand est fait, pour les étrangers, dans leur langue maternelle.

2° *Correspondance commerciale* dans les langues ci-dessus mentionnées.

3° *Arithmétique commerciale.*

4° *Tenue des livres:*

5° *Travaux de bureau* (dans les différentes langues).

6° *Droit commercial* (surtout le droit des lettres de change et le droit maritime).

7° *Géographie, histoire* et *statistique commerciales.*

8° *Science du commerce en général* (Le commerce de l'importation et de l'exportation des marchandises et des produits locaux; le commerce par terre et par mer; les affaires de banque, de bourse, d'assurances, etc.)

9° *Calligraphie commerciale.*

FRAIS D'ÉTUDES. — La rétribution scolaire pour les élèves internes est de 2.400 marcs (3.000 fr. par an).

BUDGET. — Le budget total de cette institution (élèves réguliers et apprentis de commerce) s'élève environ à 14.000 marcs (17.500 fr.) par an.

8. — Institut pratique de Commerce de Lubeck.

(Praktisches-Handels-Institut.)

L'Institut pratique de Lubeck a été fondé en 1829. Depuis le 5 octobre 1839, il est placé sous la surveillance du Comité des Écoles de la ville de Lubeck, auquel il doit soumettre chaque année un rapport spécial.

Le but de l'Institut est d'abréger, pour les jeunes gens qui se vouent au commerce, le temps d'apprentissage dans les comptoirs, par tous les exercices pratiques des travaux de bureau et par l'enseignement théorique des connaissances commerciales.

L'Institut délivre un diplôme aux élèves qui ont suivi tous les cours, s'ils ont fait preuve de connaissances suffisantes dans un examen spécial.

Le régime intérieur est l'*internat*.

L'ENSEIGNEMENT comprend : la *calligraphie*; l'*arithmétique*; la *comptabilité*; la *correspondance commerciale en langues allemande, anglaise et française*; le *droit commercial*; le *droit maritime* et le *change*.

La durée complète des cours est de 18 mois et les matières de l'enseignement sont réparties de la manière suivante pour chaque semaine :

20 heures pour l'*enseignement des opérations des comptoirs* ;

1 heure pour la *calligraphie* ;

2 heures pour l'*arithmétique commerciale* :

2 heures pour le *droit commercial*, le *droit maritime* et le *change*;

2 heures pour la *correspondance anglaise* :

2 heures pour la *correspondance française* :

2 heures pour la *correspondance anglaise* et la *correspondance française comparées*.

Les cours sont faits par quatre professeurs et le nombre maximum des élèves est limité à 20.

Ces jeunes gens doivent être âgés de 16 ans au moins et de 25 ans au plus.

FRAIS D'ÉTUDES. — Le prix de la pension varie de 1.250 à 1.850 fr. par an, payables par trimestre et d'avance.

BUDGET. — L'Institut vit de ses propres ressources. C'est d'ailleurs un pensionnat qui reçoit surtout des étrangers.

9. — École publique de Commerce de Pirna.
(Oeffentliche Handelsschule zu Pirna.)

L'École publique de Commerce de Pirna a été fondée en 1859 par la Chambre de Commerce de cette ville.

Elle comprend deux divisions bien distinctes.

I° *Une division pour les élèves réguliers.*

II° *Une division pour les apprentis de commerce.*

L'École possède une Bibliothèque, un Musée, une collection de cartes géographiques, etc., et les élèves font chaque année, sous la conduite du Directeur, de nombreuses visites industrielles.

On admet, à l'École, quelques auditeurs libres qui ne sont pas astreints à suivre tous les cours.

Le régime intérieur est l'*externat*.

I. — Division des élèves réguliers.

Cette division a pour but de préparer à la carrière commerciale les jeunes gens qui ne sont pas encore employés de commerce et qui peuvent, par conséquent, disposer de tout leur temps.

ENSEIGNEMENT. — Les cours de cette division durent 2 ans.

La division inférieure est en quelque sorte un cours préparatoire destiné aux élèves trop faibles pour entrer dans la division supérieure.

Pour être admis à suivre ces cours, on exige une *lecture courante*, une bonne *orthographe*, la connaissance de l'*arithmétique élémentaire* et des *notions générales d'histoire et de géographie*.

Il faut, en outre, être âgé de quatorze ans.

Le tableau suivant indique les matières enseignées et le nombre d'heures qui leur est consacré par semaine.

ENSEIGNEMENT OBLIGATOIRE :	NOMBRE D'HEURES PAR SEMAINE POUR CHAQUE COURS Classes	
	II Div⁰ⁿ inf⁰	I Div⁰ⁿ sup⁰
Langue allemande	6	5
Langue française.	2	2
Langue anglaise	2	2
Mathématiques.	3	3
Calcul commercial	5	4
Géographie	2	2
Histoire naturelle et Physique	2	2
Tenue des livres.	1	2
Économie politique et science du Commerce . . .	2	3
Dessin.	2	2
Calligraphie	1	1
NOMBRE TOTAL D'HEURES PAR SEMAINE. .	28	28
Sténographie (facultative).	2	2

L'enseignement est donné par 3 professeurs et les cours sont suivis par 35 élèves.

II. — Division des apprentis de commerce.

La durée des cours de cette division est de 3 ans, y compris une
année d'études préparatoires.

ENSEIGNEMENT. — Pour être admis à suivre ces cours, il faut
être âgé de 14 ans et subir un examen.

Le tableau suivant indique les matières enseignées et le nombre
d'heures qui leur est consacré par semaine.

ENSEIGNEMENT OBLIGATOIRE :	NOMBRE D'HEURES PAR SEMAINE POUR CHAQUE COURS Classes		
	Cours p⁰ʳᵉ	II Div⁰ⁿ inf⁰ʳᵉ	I Div⁰ⁿ sup⁰ʳᵉ
Science du commerce et Étude des changes	»	2	2
Tenue des livres.	»	1	1
Correspondance commerciale	1	1	1
Étude des marchandises	1	»	1
Géographie commerciale.	1	1	»
Calligraphie	1	»	»
Calcul.	2	2	2
Langue allemande	2	1	1
Langue française.	2	2	2
NOMBRE TOTAL D'HEURES PAR SEMAINE. .	10	10	10
Langue anglaise (cours facultatif)	2	2	2

Les cours d'anglais et de sténographie sont facultatifs et se paient
à part.

La division des apprentis de commerce comprend 50 élèves environ.

FRAIS D'ÉTUDES. — La rétribution scolaire est de 80 marcs
(100 francs) par an, pour les apprentis employés chez des patrons
faisant partie de la Chambre de Commerce de Pirna. Les apprentis
qui ne remplissent pas cette condition paient 108 marcs (135 francs)
par an.

BUDGET. — Les bâtiments dans lesquels l'École est installée
appartiennent à la Chambre de Commerce de Pirna; l'Administration n'a donc pas de loyer à payer.

IV

PRINCIPALES ÉCOLES ET COURS DE COMMERCE SPÉCIALEMENT DESTINÉS
AUX APPRENTIS DE COMMERCE

		APPRENTIS de COMMERCE
1 Altenbourg	École de Commerce.	48
2 Auerbach	École pour les apprentis de Commerce	36
3 Brunswick	École de Commerce.	134
4 Celle	École d'apprentis.	40
5 Crimmitschau	École pour les apprentis de Commerce	42
6 Dresde	Académie de Commerce et École préparatoire supérieure réunies	602
7 Dobeln	École pour les apprentis de Commerce	44
8 Eisenach	École de Commerce.	20
9 Frankenberg	École d'apprentis	33
10 Freiberg	École de Commerce	100
11 Gotha	Institut commercial.	52
12 Grimma	Institut commercial de l'Assemblée des commerçants de Grimma	20
13 Grossenheim	École de Commerce.	40
14 Hildesheim	École de Commerce.	29
15 Hambourg	Académie de Commerce.	1000
16 Heilbronn	École industrielle pour les adultes.	136
17 Leipzig	Cours pour les commis de Commerce et d'Industrie.	45
18 Leipzig	Cours commerciaux pour les commis	220
19 Leisnig	École de Commerce	20
20 Meissen	École pour les apprentis de Commerce	81
21 Oschatz	École de Commerce.	32
22 Planen	École de Commerce.	227
23 Riesa	Institut de Commerce.	25
24 Schneeberg	École de Commerce.	16
25 Waldheim	École de Commerce.	18
26 Zittau	École de Commerce des négociants de Zittau .	64
27 Zwickau	Institut de Commerce.	138
	TOTAUX.	3262

1. — École de Commerce d'Altenbourg.

(Handelsschule zu Altenburg.)

L'École de Commerce d'Altenbourg est peu importante ; elle a été
fondée par la Chambre de Commerce d'Altenbourg. Les cours ont
lieu le matin, de 6 à 9 heures, et l'après-midi de 2 à 4 heures.

Le tableau suivant indique les matières enseignées et le nombre
d'heures qui leur est consacré par semaine.

MATIÈRES DE L'ENSEIGNEMENT :	NOMBRE D'HEURES PAR SEMAINE POUR CHAQUE COURS Classes		
	III Div^{es} inf^{res}	II	I Div^{es} sup^{res}
Langue allemande	2	1	1
Langue française.			
Langue anglaise	»	2	2
Histoire commerciale.	1	2	3
Géographie commerciale	1	1	1
Calcul.	2	1	1
Comptabilité.	»	1	1
Correspondance commerciale	»	»	1
Calligraphie	1	»	»
Science du commerce.	»	»	1
NOMBRE TOTAL D'HEURES PAR SEMAINE . .	10	11	14

Ces cours sont fréquentés par 48 élèves.

BUDGET. — La Municipalité fournit gratuitement à l'École le
local, le chauffage et l'éclairage.

2. — École pour les apprentis de commerce d'Auerbach.

(Handelsschule zu Auerbach.)

L'École pour les apprentis de Commerce d'Auerbach a été fondée
par la Corporation des négociants de la Ville.

Elle reçoit annuellement : 400 marcs (500 francs) de la corporation des négociants et 800 marcs (1.000 francs) du Ministère du
Commerce.

Ces cours sont fréquentés par 86 élèves.

FRAIS D'ÉTUDES. — Les rétributions scolaires et les subventions annuelles couvrent à peu près les dépenses. La Corporation des négociants prend à sa charge les déficits qui peuvent se produire.

3. — École de Commerce de Brunswich de A. Henze.

(Handelsschule zu Braunschweig von A. Henze.)

L'École de Commerce de Brunswick, dirigée par M. A. Henze, a été fondée, il y a une dizaine d'années, par un groupe de négociants de la ville, pour les jeunes gens qui, en général, n'ont pas suivi les cours d'un Gymnase, et veulent entrer dans le Commerce.

Cette École est subventionnée par l'État.

ENSEIGNEMENT. — L'enseignement de l'École comprend 3 années de cours.

Les apprentis de commerce peuvent suivre un des cours à leur choix.

Le tableau suivant indique les matières enseignées à l'École et nombre d'heures qui leur est consacré par semaine.

MATIÈRES DE L'ENSEIGNEMENT :	NOMBRE D'HEURES PAR SEMAINE POUR CHAQUE COURS Classes.		
	III Div^{on} inf^{re}	II	I Div^{on} sup^{re}
Langue anglaise	1	2	2
Langue française	2	2	3
Langue allemande	2	2	2
Tenue des livres.	2	—	2
Calcul	2	2	2
Géographie	»	2	2
Comptoir et Étude de la Banque	1	»	»
Calligraphie.	2	»	»
Sténographie	1	»	»
NOMBRE TOTAL D'HEURES PAR SEMAINE :	11	12	13

L'enseignement est donné par 12 professeurs.

Les cours ont lieu le matin de 6 à 7 heures, en été; de 7 à 8 heures en hiver, et le soir de 8 à 10 heures. Ils sont fréquentés par 134 élèves et parmi eux :

118 suivent le cours de Calcul.
107 —   — , de Langue allemande.
101 —   —   de Langue française.
79   —   —   de Langue anglaise.
94   —   —   de Comptabilité.
68   —   de Géographie.
104 —   —   de Calligraphie.
25   —   —   de Sténographie.

Tout élève qui s'absente d'un cours sans motif valable, est puni d'une amende de 50 Pf. (0 fr. 60) qui est versée dans la caisse de l'Ecole.

FRAIS D'ÉTUDES. — La rétribution scolaire est de 40 marcs 40 Pf. (50 fr. 50) par an, quel que soit le nombre de cours suivis.

BUDGET. — L'École est installée dans un local qui lui a été donné gratuitement par la Municipalité.

4. — École d'apprentis de la ville de Celle.

L'École d'apprentis de la ville de Celle est annexée au Gymnase réal de la ville.

Les cours ont lieu, le matin, de 7 à 8 heures, 6 fois par semaine, et, le soir, de 6 à 8 heures, 3 fois par semaine.

On y enseigne : La *langue allemande*; la *langue française*; la *langue anglaise*; la *géographie*; l'*histoire*; les *mathématiques*; la *physique*; la *tenue des livres*.

Ces cours sont fréquentés par 49 élèves environ.

FRAIS D'ÉTUDES. — La rétribution est de 100 marcs (125 fr.) par an.

BUDGET. — La Municipalité fournit gratuitement à l'Ecole, le local, le chauffage et l'éclairage.

5. — École pour les apprentis de commerce de Crimmitschau.
(Handelsschule zu Crimmitschau.)

L'Ecole pour les apprentis de Commerce de Crimmitschau a été fondée en 1875, par le Docteur Carl Dietrich.

ENSEIGNEMENT. — Les cours durent 2 ans; ils sont faits par 3 professeurs de l'École réale de Crimmitschau et fréquentés par 42 élèves.

FRAIS D'ÉTUDES. — La rétribution scolaire est de 90 marcs (112 fr. 50) par an.

BUDGET. — L'École ne reçoit aucune subvention; elle vit de ses propres ressources.

6. — Académie de Commerce et École préparatoire supérieure réunies à Dresde.

(Vereinigte Handels-Akademie und höhere Fortbildungschule zu Dresden.)

Cet établissement a été fondé en 1866.

Il comprend 3 divisions :

1° *Une École supérieure de Commerce avec des cours semestriels (doubles).*

II° *Une École préparatoire supérieure.*

III° *Un cours privé pour les adultes des deux sexes.*

Les cours de cette Académie ont été suivis en 1885 par 109 femmes et 493 hommes, et, depuis 1866, ils ont été fréquentés par plus de 5.900 étudiants.

BUDGET. — L'Académie reçoit des subventions qui lui permettent de payer son loyer.

7. — École pour les apprentis de commerce de Dobeln.

(Handelsschule zu Dobeln.)

L'École pour les apprentis de Commerce de Dobeln a été fondée en 1867, par la Chambre de Commerce et par la Municipalité. Elle compte 4 professeurs et 44 élèves.

BUDGET. — La Municipalité fournit gratuitement à l'École le local, le chauffage et l'éclairage.

8. — École de Commerce d'Eisenach.

(Handelsschule zu Eisenach.)

Cette École a été fondée en 1853, et nous ne la mentionnons qu'à cause de son ancienneté, car elle a peu d'importance.

ENSEIGNEMENT. — Les cours durent 2 ans. Le tableau suivant indique les matières enseignées et le nombre d'heures qui leur est consacré par semaine.

ENSEIGNEMENT OBLIGATOIRE :	NOMBRE D'HEURES PAR SEMAINE POUR CHAQUE COURS Classes	
	II Div^{on} inf^{re}	I Div^{on} sup^{re}
Langue allemande	3	3
Langue française.	2	2
Calcul.	3	3
Comptabilité.	2	2
Écriture.	1	1
Géographie commerciale	1	2
Histoire du commerce	»	1
Étude des marchandises	»	1
NOMBRE TOTAL D'HEURES PAR SEMAINE .	12	15

L'enseignement est donné par 2 instituteurs et les cours sont suivis par 20 élèves seulement.

FRAIS D'ÉTUDES. — La rétribution scolaire est de 100 marcs (125 fr.) par an, pour chaque cours.

BUDGET. — La Municipalité fournit gratuitement à l'École le local, le chauffage et l'éclairage.

9. — École d'apprentis de Frankenberg.

(Lehrlingsschule zu Frankenberg.)

L'École d'apprentis de Frankenberg a été fondée par la Corporation des négociants de la Ville.

L'enseignement comprend : la *langue allemande;* la *langue française;* la *langue anglaise;* la *comptabilité;* les *opérations des comptoirs;* l'*étude des changes;* l'*arithmétique commerciale;* l'*étude des marchandises*; la *calligraphie*; l'*histoire* et la *géographie commerciales*; la *correspondance*.

L'enseignement est donné par 6 professeurs et les cours sont suivis par 33 élèves.

FRAIS D'ÉTUDES. — La rétribution scolaire est de 75 marcs par an (93 fr. 75).

BUDGET. — La Municipalité fournit gratuitement à l'École le local, le chauffage et l'éclairage.

10. — École de Commerce de Freiberg.

(Handelsschule zu Freiberg.)

L'École de Commerce de Freiberg est fréquentée par des apprentis de commerce. Elle a été fondée, en 1849, par la Corporation des négociants et des fabricants de Freidberg qui en est encore aujourd'hui propriétaire.

ENSEIGNEMENT. — Les cours durent 3 ans. Pour être admis dans la III° classe (Div. inférieure) les apprentis de commerce doivent subir un examen sur la langue allemande et sur le calcul. — Pour être admis directement dans la II° classe, il faut subir un examen sur les matières de la III° classe.

Les matières enseignées à l'École sont les suivantes : le *calcul commercial*; la *comptabilité double et simple*; les *opérations des comptoirs*; la *science du commerce et des changes*; le *droit commercial*; l'*économie politique*; la *correspondance*; la *langue allemande*; la *langue française*; la *langue anglaise*; la *sténographie*; la *géographie*; la *calligraphie*.

Le temps consacré à l'ensemble de ces cours varie de 13 à 16 heures par semaine pour chaque classe.

Chacun de ces cours dure 3 ans.

L'enseignement est donné par 3 professeurs, et les apprentis de commerce qui suivent ces cours, sont au nombre de 100 répartis de la manière suivante :

	Div^{ers} Inf^{re}.				
Classes :	I	IIa	IIb	III	Total
Nombre d'élèves :	41	16	15	28	**100**

L'âge de ces élèves varie de 14 à 17 ans.

FRAIS D'ÉTUDES. — Les·apprentis de commerce placés chez des membres de la corporation paient 90 marcs (112 fr. 50) par an, plus 10 marcs (12 fr. 50) pour droit d'inscription. Les jeunes gens qui ne remplissent pas cette condition paient 100 marcs (125 fr.) par an, plus 15 marcs (18 fr. 75) pour droit d'inscription.

BUDGET. — Les dépenses totales annuelles s'élèvent à 10.000 marcs (12.500 fr.) environ ; elles sont couvertes par les rétributions scolaires.

L'École n'a pas de loyer à payer, les bâtiments dans lesquels elle est placée appartenant à la Corporation (consortium).

11. — Institut commercial de Gotha.

(Handelslehranstalt des kaufmannischer Innungshalle zu Gotha.)

L'Institut Commercial est spécialement destiné aux apprentis de commerce. Il a été fondé, en 1818, par la Corporation des négociants de cette ville, sur la proposition de M. E. W. Arnoldi. négociant de Gotha et fondateur des banques allemandes d'assurances sur la vie et contre l'incendie.

ENSEIGNEMENT. — La durée des cours est de 4 ans. Les matières enseignées sont les suivantes :

MATIÈRES DE L'ENSEIGNEMENT	NOMBRE D'HEURES PAR SEMAINE POUR CHAQUE COURS Classes			
	IV Div^{on} infre	III	II	I Div^{on} super
	IV Div infre	III	II	I Div super
Langue allemande.	2	2	3	3
Langue anglaise.	2	2	2	3
Langue française	3	3	3	3
Géographie.	2	2	2	»
Histoire	»	»	2	2
Algèbre et calcul commercial.	2	2	3	4
Tenue des livres et opérations de comptabilité.	1	1	1	1
Correspondance.	»	1	1	»
Cours de commerce.	»	1	1	1
Calligraphie.	3	2	1	»
Physique.	»	1	1	1
Géométrie	»	»	»	2
NOMBRE TOTAL D'HEURES PAR SEMAINE.	15	17	20	20

Ces cours sont suivis par 52 jeunes gens âgés de 16 à 20 ans.

Pour être admis à l'Institut, il faut être âgé de 14 ans au moins
et avoir reçu une bonne instruction primaire ou être muni d'un
certificat constatant qu'on a fait la IVe d'un Lycée ou d'un Gymnase.

FRAIS D'ÉTUDES. — Le prix des cours est de 120 marcs (150 fr.)
par an. Chaque élève verse, en outre, 3 marcs (3 fr. 75) pour la
Bibliothèque.

BUDGET. — La Corporation des négociants qui administre l'É-
cole, vote, chaque année, les subventions nécessaires pour son
fonctionnement et pour le paiement de son loyer.

Nota. Depuis le 1er avril 1886, un *Cours spécial de Commerce* a été
créé en faveur des jeunes gens déjà munis du certificat d'aptitude
au volontariat d'un an, qui désirent acquérir rapidement les connaissances indispensables pour entrer dans les affaires. Ce cours
dure 1 an et on y enseigne les matières suivantes :

MATIÈRES DE L'ENSEIGNEMENT :	NOMRE D'HEURES PAR SEMAINE POUR CHAQUE COURS
Langue française	2
Langue anglaise	2
Correspondance française et anglaise	2
Droit commercial. — Étude du change.	2
Économie politique et science du commerce. . .	1
Calcul	2
Comptabilité.	2
NOMBRE TOTAL D'HEURES PAR SEMAINE	13

FRAIS D'ÉTUDES. — La rétribution scolaire est de 120 marcs
(150 fr.) par an.

12. — Institut commercial de l'Assemblée des com-
merçants de Grimma.

(Handelslehranstalt des Kaufmannischen Vereins in Grimma.)

L'Institut commercial de Grimma a été fondé, en 1855, par
l'Association des Commerçants de Grimma, pour les apprentis de
commerce.

L'enseignement de l'Institut est donné par le Directeur, qui appartient à l'enseignement supérieur du Collège professionnel, et par deux instituteurs primaires.

Pour être admis à l'École, il faut être âgé de 14 ans au moins et avoir reçu l'instruction donnée dans les écoles primaires de l'État.

ENSEIGNEMENT. — La durée des cours est de 3 ans, et ils sont répartis de la manière suivante :

	NOMBRE D'HEURES PAR SEMAINE POUR CHAQUE COURS Classes		
MATIÈRES DE L'ENSEIGNEMENT :	III Div⁼⁼ inf⁼⁼	II	I Div⁼⁼ sup⁼⁼
Langue allemande	1	»	»
Langue anglaise et correspondance	2	2	2
Langue française et correspondance.	2	2	2
Correspondance commerciale	1	»	»
Arithmétique appliquée au commerce	1	1	1
Géographie et étude des marchandises. . . .	1	1	1
Tenue des livres.	»	1	»
Comptabilité (double et simple), science du bureau commercial.	»	»	1
NOMBRE TOTAL D'HEURES PAR SEMAINE . .	8	7	7

Ces cours ne sont fréquentés que par une vingtaine d'apprentis âgés de 16 à 18 ans. Tous ces jeunes gens sont en apprentissage chez des commerçants de la Ville qui leur donnent la table et le logement.

FRAIS D'ÉTUDES. — Les rétributions scolaires se paient comme suit :

Pour 1 leçon par semaine, 18 marcs (22 fr. 50) annuellement
— 2 leçons   —   30 — (37 fr. 30) —
— 3 —   —   42 — (52 fr. 50) —
— 4 —   —   51 — (63 fr. 75) —
— 5 —   —   60 — (75 fr. ») —
— 6 —   —   66 — (82 fr. 50) —
— 7 —   —   72 — (90 fr. ») —

BUDGET. — La Corporation des commerçants qui administre l'École, vote, chaque année, les subventions nécessaires pour son fonctionnement.

13. — École de Commerce de Grossenheim.
(Handelsschule zu Grossenheim.)

L'École de Commerce de Grossenheim a été fondée, en 1870, par une réunion de négociants de Grossenheim.

ENSEIGNEMENT. — Les cours durent 3 ans ; ils sont faits par 3 professeurs et fréquentés par 40 apprentis de commerce.

BUDGET. — L'École reçoit des subventions du Gouvernement et de la Municipalité : en outre, cette dernière lui fournit gratuitement le local, le chauffage et l'éclairage.

14. — École de Commerce d'Hildesheim.

L'École de Commerce d'Hildesheim a été fondée, en 1881, par la Municipalité, qui en est propriétaire, et qui lui donne une subvention annuelle de 900 mars (1.125 fr.).

ENSEIGNEMENT. — Les cours durent 3 ans et les matières enseignées sont les suivantes : l'arithmétique commerciale ; la comptabilité et la correspondance ; le droit de change ; la calligraphie, la langue française et la langue anglaise.

Chacun de ces cours a lieu 3 fois par semaine, de 8 à 10 heures du matin.

L'enseignement est fait par 3 professeurs, et les cours sont fréquentés par 29 élèves répartis de la manière suivante :

	Div⁼ infre	Div⁼ supre		
Classe	I	II	III	Total
Nombre d'élèves	8	11	10	29

FRAIS D'ÉTUDES. — La rétribution scolaire est de 20 marcs (25 fr.) par semestre (chaque cours dure 6 mois).

BUDGET. — Les cours ont lieu dans un local fourni gratuitement par la Ville, et les dépenses annuelles totales s'élèvent à 1.900 marcs (2.395 fr.) environ.

15. — Académie de Commerce de Hambourg.

(Handels-Akademie zu Hamburg.)

L'Académie de Commerce de Hambourg a été fondée, en 1875, par M. Jacques Peters, qui en est aujourd'hui Directeur et propriétaire.

Cet établissement est fréquenté par des apprentis, des commis et des adultes qui ne sont pas tenus de suivre tous les cours.

Les leçons sont données dans la journée et le soir.

L'enseignement comprend :

1° *Un Cours de Commerce pour les apprentis ;*
2° *Un Cours de Commerce pour les commis ;*
3° *Un cours de Commerce pour les teneurs de livres ;*
4° *Un cours pour les adultes ;*

ENSEIGNEMENT. — Les matières enseignées dans ces différents cours sont les suivantes :

COURS DE COMMERCE POUR LES APPRENTIS. — *Langue allemande ; sténographie* (3 leçons par semaine) ; *langue anglaise et langue française* (grammaire, 4 leçons par semaine) ; *tenue des livres en partie simple* (3 leçons par semaine).

COURS DE COMMERCE POUR LES COMMIS. — *Langue allemande ; correspondance allemande* (2 leçons par semaine) ; *arithmétique commerciale* (3 leçons) ; *géographie commerciale* (2 leçons) ; *langue française et langue anglaise* (correspondance et conversations, 4 leçons) ; *6 à 12 leçons de travaux de comptoirs pratiques.*

COURS DE COMMERCE POUR LES TENEURS DE LIVRES. — *Langue allemande ; langue française ; langue anglaise ; travaux pratiques des comptoirs.*

COURS POUR LES ADULTES. — *Calligraphie ; tenue des livres en partie simple et en partie double ; arithmétique commerciale ; écriture ronde ; géographie commerciale ; étude des changes ; sténographie ; langues anglaise, française, italienne, espagnole, danoise,*

suédoise, norvégienne, allemande; algèbre; géométrie; trigonométrie.

L'enseignement est donné par 12 professeurs, et les 4 cours
sont fréquentés par 1.000 jeunes gens, environ, dont l'âge varie
de 15 à 25 ans.

FRAIS D'ÉTUDES. — La rétribution scolaire est de 300 marcs
(375 francs) par an pour chacun des cours de Commerce, et de
120 marcs (150 francs) par an pour le cours d'adultes.

BUDGET. — Le budget total annuel de l'Académie de Commerce de Hambourg varie entre 35 et 40.000 marcs (43.750 francs
et 50.000 francs).

16. — École Industrielle pour les adultes d'Heilbronn.
(Gewerbliche Fortbildungsschule zu Heilbronn.)

L'École Industrielle pour les apprentis de commerce d'Heil-
bronn a été fondée, en 1854, par le Gouvernement wurtembergeois.
Elle comprend : *une Division pour les apprentis de commerce et
une Division pour les apprentis de l'industrie.*

Les cours ont lieu en hiver, de 8 heures à 10 heures du
soir, et, en été, de 6 heures à 7 heures du matin.

Sur 438 élèves qui suivent ces cours, 302 appartiennent à la
division industrielle et 136 à la division commerciale.

L'École reçoit une subvention totale de 18.000 marcs (22.500
francs) par an environ, payée, moitié par la Municipalité d'Heil-
bronn et moitié par le Gouvernement wurtembergeois.

Division pour les apprentis de commerce.

ENSEIGNEMENT. — Les cours complets durent 3 ans.

Le tableau suivant indique les matières enseignées et le nombre
d'heures qui est consacré par semaine à chacun de ces cours.

MATIÈRES DE L'ENSEIGNEMENT :	NOMBRE D'HEURES PAR SEMAINE POUR CHAQUE COURS. Classes		
	III Div^{on} inf^{re}	II	I Div^{on} sup^{re}
Langue française.	3	2	2
Langue anglaise.	»	2	2
Correspondance commerciale	»	»	1
Tenue des livres (partie simple et partie double).	1	1	1
Opérations des comptoirs.	»	1	»
Étude des changes.	1	»	»
Calcul commercial.	2	1	»
Science du commerce et du droit commercial	1	»	»
Histoire et géographie commerciales. . . .	»	»	2
Physique (cours commun à la division industrielle et à la division commerciale). . . .	»	»	4
Calligraphie.	2	2	»
NOMBRE TOTAL D'HEURES PAR SEMAINE. .	10	9	12

Ainsi que nous l'avons dit plus haut, ces cours sont fréquentés par 136 élèves dont l'âge varie de 14 à 18 ans.

Les élèves ne sont pas tenus de suivre tous les cours d'une même classe ; ils peuvent, à leur choix, suivre un ou plusieurs de ces cours.

FRAIS D'ÉTUDES. — La rétribution scolaire est de 20 marcs (25 francs) pour le semestre d'hiver et de 4 marcs (5 francs) pour le semestre d'été.

BUDGET. — Le budget annuel de l'école industrielle (divisions de l'Industrie et du Commerce) est de 22.880 marcs (28.600 francs). Les frais d'écolage produisent 5.106 marcs (6.382 fr. 50) et les 17.764 marcs (22.297 fr. 50) qui représentent le déficit annuel, sont payés, moitié par la Municipalité, moitié par le Gouvernement wurtembergeois.

17. — Cours pour les commis de commerce et d'Industrie de Leipzig.

(Forbildungsschule für jüngere Kaufleute und Gewerbtreibende zu Leipzig.)

L'École préparatoire pour les commis de Commerce et d'Industrie de Leipzig compte en tout 3 professeurs et 45 élèves.

6

BUDGET. — La Municipalité fournit gratuitement à l'École le local, le chauffage et l'éclairage.

18. — Cours commerciaux pour les adultes de Leipzig.

(Kaufmännische Fortbildungs-Schule zu Leipzig.)

Les cours commerciaux pour les adultes de Leipzig ont été fondés le 27 mai 1867. Ils ont lieu de 7 à 9 heures du matin et de 2 à 4 heures du soir.

On a adjoint à ces cours une classe spéciale pour les jeunes gens qui se préparent au volontariat.

Le régime intérieur est l'externat.

I. — Cours commerciaux.

ENSEIGNEMENT. — Les cours durent trois ans. Les élèves qui sont munis du diplôme pour le volontariat d'un an peuvent entrer directement dans la 3e classe.

Les cours sont fréquentés par 220 jeunes gens environ, âgés de 13 à 20 ans.

Le tableau suivant indique les matières enseignées et le nombre d'heures qui leur est consacré par semaine.

MATIÈRES DE L'ENSEIGNEMENT :	NOMBRE D'HEURES PAR SEMAINE POUR CHAQUE COURS Classes		
	I Div^{on} infre	II	III Div^{on} supre
Langue allemande	2	1	1
Langue française . .	2	2	2
Langue anglaise	»	2	2
Mathématiques appliquées au commerce . . .	3	2	2
Géographie	1	1	»
Tenue des livres.	»	»	1
Correspondance commerciale	»	»	1
Étude du commerce et des changes	»	»	1
Calligraphie	2	»	»
Sténographie.	»	1	1
NOMBRE TOTAL D'HEURES PAR SEMAINE . .	10	9	11

FRAIS D'ÉTUDES. — La rétribution scolaire est de 75 marcs (96 fr. 75) par an.

II. — Cours préparatoire au volontariat.

Pour être admis dans cette division, il faut avoir terminé la 3e année des cours commerciaux.

La durée des leçons est de 12 heures par semaine.

L'enseignement comprend plus spécialement : l'*histoire*; la *littérature*; les *mathématiques*; l'*algèbre*; la *physique*.

Cette division est fréquentée par 15 élèves environ.

FRAIS D'ÉTUDES. — La rétribution scolaire est de 36 marcs (45 fr.) par trimestre.

BUDGET. — L'École appartient à M. Ed. Kühn. Elle vit de ses propres ressources.

19. — École de Commerce de Leisnig.

(Handelsschule zu Leisnig.)

L'École de Commerce pour les apprentis de Leisnig a été fondée le 3 avril 1845 par la Société des négociants de Leisnig qui en est propriétaire.

Cet établissement est subventionné par le Ministère de l'Intérieur.

ENSEIGNEMENT. — La durée des cours est de 2 ans. Pour être admis dans la IIe classe (division inférieure) il faut avoir suivi les cours d'une École primaire.

Les matières enseignées sont les suivantes :

Langue allemande; langue française; langue anglaise: tenue des livres en partie simple et en partie double; droit commercial; étude des changes ; géographie commerciale; calcul; sténographie et calligraphie.

Quinze heures par semaine sont consacrées à l'ensemble de ces cours, qui sont suivis par 20 apprentis de commerce âgés de 14 à 17 ans.

FRAIS D'ÉTUDES. — La rétribution scolaire est de 75 marcs (93 fr. 75) par an pour les apprentis de commerce qui sont placés chez des Membres de la Société des négociants de Leisnig.

Les apprentis qui ne remplissent pas ces conditions paient 90 marcs (112 fr. 50) par an.

BUDGET. — Les dépenses totales annuelles s'élèvent à 4.000 marcs (5.000 francs), et la Société des négociants prend à sa charge les déficits qui pourraient se produire.

20. — École de Commerce pour les apprentis de Meissen.

(Handlungslehrlingsschule zu Meissen.)

L'École de commerce pour les apprentis de Meissen a été fondée en 1869 par la Corporation des négociants de Meissen, qui en est propriétaire.

L'École reçoit des subventions du Conseil municipal et du Ministère de l'Intérieur.

ENSEIGNEMENT. — Les cours durent 4 ans. Pour être admis dans la division inférieure (IVe classe), il faut avoir suivi les cours d'une école primaire.

Le tableau suivant indique les matières enseignées et le nombre d'heures qui leur est consacré par semaine.

MATIÈRES DE L'ENSEIGNEMENT :	NOMBRE D'HEURES PAR SEMAINE POUR CHAQUE COURS Classes			
	IV Div^{on} inf^{re}	III	II	I Div^{on} sup^{re}
Langue allemande.	3	3	2	1
Langue française	»	3	2	2
Langue anglaise.	»	»	2	2
Science du commerce	»	»	1	2
Comptabilité	»	1	1	1
Calcul	3	2	1	1
Géographie	2	1	1	1
Géométrie.	2	»	»	»
Sciences naturelles.	1	»	»	»
Économie politique	1	»	»	»
Dessin	5	»	»	»
NOMBRE TOTAL D'HEURES PAR SEMAINE. .	17	10	10	10

L'enseignement est donné par 3 professeurs, et les cours sont suivis par 81 élèves répartis de la manière suivante :

Classes.	Div^{on} inf^{re}			Div^{on} sup^{re}	
Classes.	IV	III	II	I	Total
Nombre d'élèves	29	22	20	10	**81**

L'âge de ces apprentis de commerce varie de 14 à 18 ans.

FRAIS D'ÉTUDES. — La rétribution scolaire est de 100 marcs
(125 fr.) par an pour chaque classe.

BUDGET. — Les dépenses totales annuelles s'élèvent à 9.000 marcs
(11.250 fr.) environ.

L'École est propriétaire des bâtiments dans lesquels elle est installée ; l'Administration n'a donc pas de loyer à payer.

21. — École de Commerce d'Oschatz.

(Handelsschule zu Oschatz.)

L'École de Commerce d'Oschatz a été fondée en 1850. Elle est
subventionnée par le Ministre de l'Intérieur et par la Municipalité.

Les cours normaux durent 3 ans. On y a adjoint un cours dit
de *perfectionnement*, qui permet aux élèves suffisamment bien préparés d'acquérir en une seule année les connaissances nécessaires
pour entrer dans les affaires.

Les cours sont fréquentés par 32 apprentis de commerce.

FRAIS D'ÉTUDES. — La rétribution scolaire est de 120 marcs
(150 francs) par an.

La Municipalité fournit gratuitement à l'École le local, le chauffage et l'éclairage.

22. — École de Commerce de Planen.

(Handelsschule zu Planen.)

L'École de Commerce de Planen a été fondée en 1858.

L'enseignement est donné par 7 professeurs, et les cours sont
fréquentés par 227 apprentis de commerce.

BUDGET. — L'École reçoit annuellement : 1.280 marcs (1.600 francs,
du Gouvernement, 600 marcs (750 francs) de la Municipalité et
1.600 marcs (2.000 francs) de la Corporation des négociants de la
Ville.

23. — Institut de Commerce de Riésa.

(Handelslehranstalt.)

L'Institut de Commerce de Riésa a été fondé, en 1877, par un Syndicat de commerçants de la Ville, qui en est propriétaire.

L'Institut reçoit annuellement :

500 marcs (625 fr.) du Ministère de l'Intérieur, et 400 marcs (500 fr.) du Syndicat des commerçants qui prend, en outre, à sa charge, les déficits qui peuvent se produire.

ENSEIGNEMENT. — Le tableau suivant indique les matières enseignées et le nombre d'heures qui leur est consacré par semaine.

	NOMBRE D'HEURES PAR SEMAINE POUR CHAQUE COURS		
	Classes		
MATIÈRES DE L'ENSEIGNEMENT :	III	II	I
		Divon infre	Divon sup
Langue allemande	1	1	1
Langue française	2	2	2
Langue anglaise	2	2	2
Arithmétique commerciale	2	2	2
Géométrie	»	»	1
Géographie commerciale	1	1	»
Tenue des livres	1	1	1
Correspondance allemande	»	»	1
Théorie de la science commerciale	»	1	1
Étude des marchandises	»	»	1
Calligraphie	1	1	»
NOMBRE TOTAL D'HEURES PAR SEMAINE	10	11	12
Sténographie (facultative)	»	»	1

L'enseignement est donné par 5 professeurs et les cours sont suivis par 25 élèves ainsi répartis :

	Divon infre	Divon supre	
Classes	III	II	I	Total
Nombre d'élèves	9	7	9	25

L'âge de ces élèves varie de 14 à 17 ans.

FRAIS D'ÉTUDES. — La rétribution scolaire est de 80 marcs (100 fr.) par an.

BUDGET. — Les dépenses totales annuelles s'élèvent à 2.600 marcs (3.250 fr.) environ par an.

L'Institut est propriétaire des bâtiments dans lesquels il est installé; il n'a donc pas de loyer à payer.

24. — École de Commerce de Schneeberg.
(Handelsschule zu Schneeberg.)

L'École de Commerce de Schneeberg a été fondée, en 1876, par la corporation des négociants de la Ville.

ENSEIGNEMENT. — La durée des cours est de 3 ans.

Les matières enseignées sont les suivantes : la *langue allemande*; la *langue française*; la *langue anglaise*; l'*arithmétique*; la *calligraphie*; la *sténographie*; la *tenue des livres*; la *science du commerce*; l'*étude des marchandises*.

Les cours sont fréquentés par 16 élèves seulement.

BUDGET. — La Municipalité fournit gratuitement à l'École le chauffage, l'éclairage et les bâtiments dans lesquels elle est installée.

25. — École de Commerce de Waldheim.
(Handelsschule zu Waldheim.)

L'École de Commerce de Waldheim a été fondée et est administrée par une Société de négociants.

Elle reçoit de l'État et de la Commune une subvention de 750 marcs (937 fr. 50) par an, environ.

ENSEIGNEMENT. — Les cours durent 3 ans. Pour être admis dans la IIIᵉ classe (division inférieure) les apprentis doivent avoir une bonne instruction primaire. On n'est admis directement dans la IIᵉ classe que par exception et à la condition de pouvoir répondre sur toutes les matières enseignées dans la IIIᵉ classe.

Les matières enseignées dans ces cours sont les suivantes :

IIIᵉ CLASSE (division inférieure) : *langue allemande; langue fran-*

çaise; géographie commerciale; mathématiques. En tout : 10 heures par semaine.

IIe CLASSE : *langue française; géographie commerciale; mathématiques; tenue des livres en partie simple; correspondance; droit commercial.* En tout : 10 heures par semaine.

Ire CLASSE (division supérieure) : *langue française; mathématiques; droit commercial; tenue des livres en partie double; correspondance commerciale en allemand et en français; histoire commerciale.* En tout : 10 heures par semaine.

L'enseignement est donné par 7 professeurs et les cours sont suivis par 18 apprentis de commerce, ainsi répartis :

	Div^{on} inf^{re}			Div^{on} sup^{re}
	III	II	I	Total
Années.				
Nombre d'élèves	6	6	6	18

L'âge de ces élèves varie de 14 à 18 ans.

FRAIS D'ÉTUDES. — La rétribution scolaire est de 75 marcs (93 fr. 75 c.) pour chaque année de cours.

BUDGET. — Les dépenses de l'école s'élèvent à 2.000 marcs (2.500 fr.) par an environ. Elles sont couvertes par les rétributions scolaires et par les subventions de l'État et de la Commune.

La Municipalité fournit gratuitement à l'École le chauffage, l'éclairage et les bâtiments dans lesquels elle est installée.

26. — École de Commerce des négociants de Zittau.

(Die Handelsschule der Kaufmannschaft in Zittau.)

L'École de Commerce des négociants de Zittau est spécialement destinée aux apprentis de Commerce. Les cours comprennent 3 années d'études.

L'enseignement donné dans la IIIe classe (division inférieure) comprend : la *langue allemande;* la *langue française;* le *calcul commercial;* la *calligraphie* et la *géographie commerciale.* Il est consacré 10 heures par semaine à l'ensemble de ces cours.

L'enseignement donné dans la IIe classe comprend : la *correspondance commerciale en allemand et en français; le calcul commercial;* la *calligraphie;* la *géographie commerciale; l'étude des marchandises; l'étude de la banque et du change; la tenue des livres en partie simple.* Il est consacré 9 heures par semaine à l'ensemble de ces cours.

L'enseignement donné dans la Ire classe comprend : *l'étude plus complète des correspondances allemande et française; le calcul commercial, la géographie commerciale, le droit commercial et la tenue des livres en partie double.* Il est consacré 9 heures par semaine à l'ensemble de ces cours.

Le cours de *langue anglaise* est facultatif, mais il ne se paie pas à part.

L'enseignement est donné par 6 professeurs, et les cours sont suivis par 64 apprentis de commerce.

FRAIS D'ÉTUDES. — Le prix annuel des cours est de 84 marcs (105 francs) pour les apprentis dont les patrons sont Membres de l'Association des négociants de Zittau, et de 100 marcs (125 francs) pour les apprentis qui ne remplissent pas cette condition.

BUDGET. — La Municipalité fournit gratuitement à l'École le chauffage, l'éclairage et les bâtiments dans lesquels elle est installée.

27. — Institut de Commerce de Zwickau.
(Handels-Lehranstalt zu Zwickau.)

L'Institut de Commerce de Zwickau a été fondé en 1847 par la Corporation des Merciers de la Ville. Il a pour but de donner aux apprentis de commerce les « connaissances indispensables pour la pratique des affaires ». Cet établissement est placé sous la haute direction d'un conseil choisi dans le corps des Merciers. Il reçoit chaque année 900 mars (1.125 francs) du Gouvernement saxon et 300 mars (375 francs) du Conseil municipal de la ville de Zwickau.

ENSEIGNEMENT. — Le tableau suivant indique les matières enseignées et le nombre d'heures qui leur est consacré par semaine.

MATIÈRES DE L'ENSEIGNEMENT :	NOMBRE D'HEURES PAR SEMAINE POUR CHAQUE COURS Années						
	IV	IIIa	IIIb	IIa	IIb	Ia	Ib
	Div⁰ⁿ infr⁰					Div⁰ⁿ supr⁰	
Arithmétique.	2	2	2	2	2	2	2
Géographie	2	1	1	1	1	1	1
Langue allemande . . .	3	2	2	2	2	2	2
Langue française.	2	2	2	2	2	2	2
Calligraphie	2	1	1	»	»	»	»
Langue anglaise . .	»	2	2	2	2	2	2
Correspondance commerciale . . .	»	1	1	1	1	1	1
Bureau commercial.	»	1	1	»	»	»	»
Tenue des livres (en partie simple) . .	»	»	»	1	1	»	»
Etude commerciale, notions d'économie politique, droit commercial, etc. . .	»	»	»	1	1	»	»
Comptes courants, tenue des livres (en partie double).	»	»	»	»	»	1	1
Droit commercial, lettre de change .	»	»	»	»	»	1	1
Étude des marchandises . . .	»	»	»	»	»	1	1
NOMBRE TOTAL D'HEURES PAR SEMAINE.	11	12	12	12	12	13	13

L'Enseignement est donné par 9 professeurs et les cours sont suivis par 138 élèves, répartis de la manière suivante :

	Div⁰ⁿ infr⁰					Div⁰ⁿ supr⁰		
Classe	IV	IIIa	IIIb	IIa	IIb	Ia	Ib	Total
Nombre d'élèves. . . .	14	22	24	21	20	19	18	**138**

Les apprentis de commerce sont admis à partir de 14 ans.

L'examen d'entrée dans la IVᵉ classe porte sur : la *langue allemande*, l'*arithmétique* et la *géographie générale*.

FRAIS D'ÉTUDES. — La rétribution scolaire est de 60 marcs (75 fr.), par an pour les apprentis qui sont placés chez les membres de la Corporation des Merciers ; ceux qui ne remplissent pas cette condition paient 90 marcs (112 fr. 50) par an.

BUDGET. — Les dépenses annuelles de l'École s'élèvent à 12.250 marcs (15.312 fr. 50 c.). Ces dépenses sont couvertes en partie par les rétributions scolaires et par les subventions du Gouvernement saxon et du Conseil municipal de Zwickau. La Corporation des Merciers prend à sa charge les déficits qui peuvent se produire, et elle fournit gratuitement à l'Institut le chauffage, l'éclairage et les bâtiments dans lesquels il est installé.

AUTRICHE-HONGRIE

Le système scolaire en Autriche-Hongrie est organisé sur les mêmes bases qu'en Allemagne.

L'enseignement secondaire est donné dans les Gymnases et dans les Écoles réales. Quant à l'enseignement commercial proprement dit, il a pris, en Autriche, depuis plus de dix ans, des proportions tout à fait exceptionnelles.

Ainsi, on compte aujourd'hui en Autriche-Hongrie 62 Écoles de Commerce, ainsi réparties :

I. — 9 *Académies de Commerce dont le diplôme donne droit au volontariat d'un an dans l'armée austro-hongroise.*

Ces établissements sont classés dans l'enseignement supérieur *(Hochschulen)* et situés à *Chrudim, Graz, Linz, Prague (2 Académies), Presbourg, Trieste (2 Académies), Vienne.*

II. — 15 *Écoles de Commerce pour les élèves du jour, avec ou sans division pour les apprentis de commerce, et dont le diplôme ne donne pas droit au volontariat d'un an dans l'armée austro-hongroise.*

III. — 38 *Écoles ou Cours spéciaux pour les apprentis de commerce.*

Les Écoles de Commerce des deux dernières catégories sont classées dans l'enseignement secondaire *(Mittelschulen)*, et situées dans les villes suivantes :

Basse-Autriche : *Hernals, Krems, Rudolfsheim, Vienne* (8 Écoles), *Waidhofen, Wiener-Neustadt.*

Haute-Autriche : *Linz* (2 Écoles), *Steyer, Wils.*

Bohême : *Aussig, Bœhmisch-Leipa, Brüx* (2 Écoles), *Chrudim, Eger, Kolin, Neu-Bydzow, Prague* (3 Écoles), *Reichenberg* (2 Écoles), *Teplitz, Tetschen* (2 Écoles).

Carinthie : *Klagenfurt* (2 Écoles).

Carniole : *Laybach.*

Galicie : *Lemberg.*

Istrie : *Trieste* (2 Écoles).

Moravie : *Brün, Olmütz.*

Salzbourg : *Salzbourg* (2 Écoles).

Styrie : *Cilli, Graz* (3 Écoles), *Marbourg* (2 Écoles).

Tyrol : *Inspruck* (2 Écoles), *Rieden.*

Les 9 Académies de Commerce sont placées sous la haute surveillance de l'État.

Parmi les 53 Écoles de l'enseignement secondaire, 32 sont des établissements publics appartenant presque tous aux Municipalités, et 21 sont des établissements privés qui ont été créés par les Chambres de Commerce ou par des Sociétés de négociants.

Nous allons donner la monographie de chacune des Académies de Commerce et des *principales* Écoles commerciales destinées soit aux élèves réguliers du jour, soit aux apprentis de commerce.

Principales Écoles commerciales austro-hongroises divisées par catégories.

PAGES			ÉLÈVES RÉGULIERS DU JOUR	APPRENTIS DE COMMERCE
94	I.	9 Académies de Commerce dont le diplôme donne droit au volontariat d'un an dans l'armée austro-hongroise.	1.957	411
117	II.	11 Écoles de Commerce pour les élèves du jour, avec ou sans division pour les Apprentis de Commerce et dont le diplôme de donne pas droit au volontariat d'un an . .	1.531	609
135	III.	15 Écoles ou Cours spéciaux pour les Apprentis de Commerce	»	2.690
		27 Écoles *(dont 4 pour les Élèves du jour et 23 pour les Apprentis de Commerce, ne sont pas décrites dans les pages ci-après, leurs programmes ne présentant aucune particularité.)*		
		On peut estimer que le nombre des élèves qui fréquentent ces Écoles s'élève environ à	150	800
En tout : **62** Écoles.		TOTAUX. . .	**3.638**	**4.510**

I

ACADÉMIES DE COMMERCE AUSTRO-HONGROISES AUTORISÉES A DÉLIVRER
LE CERTIFICAT D'APTITUDE AU VOLONTARIAT D'UN AN.

			ÉLÈVES RÉGULIERS DU JOUR	APPRENTIS DE COMMERCE
1	Chrudim	Académie de Commerce.	105	»
2	Graz	Académie de Commerce et d'Industrie.	181	171
3	Linz	Académie de Commerce avec École d'Apprentis.	103	110
4	Prague	Académie de Commerce.	320	»
5	Prague	Académie de Commerce bohémienne-slave	318	»
6	Presbourg	Académie de Commerce	68	»
7	Trieste	Académie commerciale et nautique .	149	130
8	Trieste	Cours public supérieur d'enseignement commercial.	16	»
9	Vienne	Académie de Commerce	697	»
		En tout. . .	1,957	411

1. — Académie de Commerce de Chrudim.

(Obchodní Akademie v Chrudimi.)

L'Académie de Commerce de Chrudim a été fondée le 15 novembre 1882, par la municipalité de Chrudim.

Elle reçoit les subventions suivantes :

2.000 florins	(5.000 fr.)	de l'État.
500	(1.150 fr.)	de l'arrondissement.
1.000	(2.500 fr.)	de la Société de prêts de Chrudim.
1.500	(3.750 fr.)	de la Caisse d'épargne de Chrudim.
300	(750 fr.)	des grands établissements industriels.
100	(250 fr.)	de la Chambre de Commerce.

5.400 florins (13.500 fr.)

En 1883, le Gouvernement lui a accordé le « droit de publicité gratuite ».

Des cours ont lieu, le soir, pour les apprentis de commerce.

Le diplôme de sortie donne droit au volontariat d'un an dans l'armée austro-hongroise.

Le régime est *l'externat.*

ENSEIGNEMENT. — Pour être admis dans la classe inférieure (1re année) de l'Académie de Chrudim, en qualité d'élève régulier, il faut avoir achevé la 4e d'un Gymnase ou d'une École réale.

L'enseignement de l'école est divisé en 3 années.

Le tableau suivant indique les matières enseignées et le nombre d'heures qui leur est consacré par semaine,

ENSEIGNEMENT OBLIGATOIRE.	NOMBRE D'HEURES PAR SEMAINE POUR CHAQUE COURS Années.		
	I Divon infre	II	III Divon supre
Langue tchèque . . .	2	2	2
Langue allemande . .	4	4	4
Langue française. .	3	3	4
Géographie	2	2	2
Histoire. . . .	2	2	2
Mathématiques. . . .	3	3	»
Histoire naturelle . .	3	»	»
Physique	2	2	»
Science du commerce et du bureau. .	3	»	»
Tenue des livres et correspondance commerciale. . . .	»	4	»
Bureau modèle. . . .	»	5	7
Arithmétique et usances commerciales . . .	3	4	5
Chimie et technologie chimique. . .	2	2	»
Connaissance des marchandises .	»	2	2
Économie nationale. . .	»	»	2
Droit commercial. . .	»	»	3
Calligraphie	2	2	»
NOMBRE TOTAL D'HEURES PAR SEMAINE.	31	32	33
ENSEIGNEMENT FACULTATIF :			
Langue anglaise	2	2	»
Langue russe . . .	2	2	2
Sténographie . . .	2	2	2
Laboratoire de recherches pour la connaissance des marchandises. . . .	»	2	2
NOMBRE TOTAL D'HEURES PAR SEMAINE. .	6	8	6

L'Académie est fréquentée par 105 élèves et l'enseignement est donné par 9 professeurs.

Les 105 élèves se répartissent comme suit :

Classes.............	Div^{on} infre		Div^{on} sup^{re}	
Classes.............	I	II	III	Total
Nombre d'élèves........	35	33	37	105

                 30 élèves ont de 15 à 17 ans.
                 54   —   18 à 20 —
                 21   —   20 à 24 —

FRAIS D'ÉTUDES. — La rétribution scolaire est de 50 florins (125 fr.) par an.

BUDGET. — Les dépenses annuelles de l'Académie de Chrudim s'élèvent à 13.000 florins (32.500 fr.). Ces dépenses sont couvertes, en partie, par les rétributions scolaires et par les subventions dont jouit l'Académie.

La ville de Chrudim prend à sa charge les déficits qui peuvent se produire.

2. — Académie de Commerce et d'Industrie de Graz.

(Akademie für Handel u. Industrie in Graz.)

L'Académie de Commerce et d'Industrie de Graz a été fondée, en 1863, par une Société de commerçants et d'industriels, et classée, la même année, parmi les établissements d'enseignement public.

Elle reçoit annuellement les subventions suivantes :

4.000 florins (10.000 fr.) du Ministère de l'Instruction publique.
3.000   —   (7.500 fr.) du Conseil de la Province.
1.000   —   (2.500 fr.) du Conseil municipal de la ville de Graz.
1.000   —   (2.500 fr.) de la Caisse d'épargne.
1.200   —   (3.000 fr.) de la Société des commerçants et des industriels.

L'Enseignement comprend deux divisions bien distinctes :
I. *Académie de Commerce.*
II. *Division pour les apprentis de commerce.*

I. — Académie de commerce.

L'Académie proprement dite comprend 3 années d'études et un cours préparatoire dont la durée est d'un an.

Le diplômè de sortie *donne droit au volontariat d'un an dans l'armée austro-hongroise* mais seulement pour les élèves qui, avant leur entrée à l'Académie, étaient déjà munis du certificat d'une Unterrealschule, d'un Untergymnasium ou d'un Realgymnasium. Ceux qui ne remplissent pas cette condition peuvent suivre, à l'École, quelques cours spéciaux qui leur permettent de se présenter à l'examen du volontariat.

L'Académie reçoit des *élèves réguliers* qui assistent à toutes les leçons, et des *auditeurs libres* qui ne suivent que certains cours.

ENSEIGNEMENT. — Pour être admis à l'Académie de Graz, il faut avoir au moins 14 ans et subir un examen.

Les élèves qui sont munis du diplôme constatant qu'ils ont suivi avec fruit les 4 classes d'une Unterrealschule, d'un Untergymnasium et d'un Realgymnasium sont admis de droit dans la 1re classe (Div. Inf.).

Le tableau suivant indique les matières enseignées et le nombre d'heures qui leur est consacré par semaine.

ENSEIGNEMENT OBLIGATOIRE :	Cours prép.	I Divⁿ infʳᵉ	II	III Divⁿ supʳᵉ
Religion.	2	»	»	»
Langue allemande	4	3	3	2
Langue française.	3	4	3	4
Langue italienne.	»	3	4	4
Langue anglaise	»	3	3	3
Arithmétique et Algèbre	6	2	2	»
Géographie	2	2	2	3
Histoire	2	2	2	3
Histoire naturelle	3	2	»	»
Calligraphie.	2	2	2	»
Connaissances commerciales.	»	7	7	7
Physique	»	2	2	»
Géométrie	2	»	»	»
Chimie	»	»	3	»
Chimie industrielle.	»	»	1	2
Économie politique.	»	»	»	3
Droit commercial	»	»	»	3
Étude des marchandises	»	»	»	2
NOMBRE TOTAL D'HEURES PAR SEMAINE.	26	32	34	36

Column header: NOMBRE D'HEURES PAR SEMAINE POUR CHAQUE COURS — Classes

ENSEIGNEMENT FACULTATIF :	Cours prép.	I Div^on infre	II	III Div^on sup^re
Géométrie	»	3	»	1
Projections	»	1	2	»
Croquis et Mécanique	»	4	3	5
Trigonométrie	»	»	2	»
Étude des machines	»	»	»	3
Travaux chimiques.	»	»	»	6
NOMBRE TOTAL D'HEURES PAR SEMAINE.	»	8	7	15

L'enseignement est donné par 14 professeurs, et les élèves qui fréquentent les cours de l'Académie sont au nombre de 181, ainsi répartis :

Classes	Cours prép^re	Div^on infre		II	III	Total
		Ia	Ib			
Nombre d'élèves.	13	31	34	55	48	181

FRAIS D'ÉTUDES. — La rétribution scolaire est de :

80 florins (200 fr.) par an, pour le cours préparatoire ;

150 florins (375 fr.) par an, pour chacune des classes de l'Académie.

Chaque élève paie, en outre, 5 florins (12 fr. 50) par an, pour les frais d'inscription et pour l'entretien du matériel, de la bibliothèque et des collections.

Les Auditeurs libres paient 7 florins (17 fr. 50) pour chaque cours d'une heure par semaine.

II. — Division des apprentis de commerce.

La division des apprentis de commerce comprend 3 cours, d'une année chacun.

Les leçons ont lieu tous les soirs, y compris le dimanche.

Le tableau suivant indique les matières enseignées dans cette division et le nombre d'heures qui leur est consacré par semaine.

MATIÈRES DE L'ENSEIGNEMENT :	NOMBRE D'HEURES PAR SEMAINE POUR CHAQUE COURS Classes		
	I Div^on infre	II	III Div^on sup^re
Langue allemande	1	1	»
Arithmétique	1	1	1
Géographie	1	1	»
Comptabilité	»	»	2
Marchandises	»	»	1
Calligraphie	1	1	»
NOMBRE TOTAL D'HEURES PAR SEMAINE.	4	4	4

Pour suivre les cours, les apprentis de commerce doivent produire un certificat d'études primaires et être âgés de 14 ans au moins.

L'enseignement est donné par 4 professeurs, et les apprentis sont au nombre de 171 répartis de la manière suivante :

	Div^es inf^re		Div^es sup^re	
Classes.	I	II	III	Total
Nombre d'élèves . . .	57	68	46	**171**

FRAIS D'ÉTUDES. — La rétribution scolaire pour chacun des cours de la division des apprentis de commerce est de 4 florins (10 francs) par semestre, pour les jeunes gens dont les patrons font partie de la Société qui subventionne l'Académie.

BUDGET. — Les bâtiments de l'Académie et le matériel scolaire ont coûté environ 70.000 florins (175.000 francs).

L'Administration n'a pas de loyer à payer.

Le budget annuel est de 32.742 florins (81.855 francs). Les rétributions scolaires produisent environ 18.000 florins (45.000 francs), et la Société des commerçants et des industriels prend à sa charge les déficits qui pourraient se produire.

Le traitement total des professeurs s'élève à 19.452 florins (48.630 francs). L'Administration dispose d'une somme de 4.000 florins (10.000 francs) qui sert à entretenir des élèves boursiers ou demi-boursiers.

3. — Académie de Commerce avec Écoles d'apprentis de Linz.

(Handels-Academie mit Kaufmannischer Fortbildungsschule in Linz.)

L'Académie de Commerce de Linz a été ouverte en 1882, et elle est aujourd'hui en pleine prospérité. Sa fondation est due à l'initiative de la Corporation des négociants de Linz (Handels-gremium), et elle fonctionne à l'aide de subventions qui lui sont accordées par :

Le Gouvernement	3.000 florins	(7.500 fr.)
La Diète de la Haute-Autriche	1.000 »	(2.500 fr.)
La Corporation des négociants	2.000 »	(5.000 fr.)
La Chambre de Commerce	300 »	(750 fr.)
La Caisse d'épargne	1.200 »	(3.000 fr.)
La Municipalité de Linz	1.200 »	(3.000 fr.)
Total.	8.700 florins	(21.750 fr.)

La Société commerciale de Linz met annuellement à la disposition de l'Académie, pour son exploitation, une somme de 12.000 florins (30.000 francs) et, à la fin de chaque exercice, elle vote les crédits nécessaires pour combler les déficits.

Il a été institué une caisse de retraite pour les professeurs de l'Académie.

Le diplôme de sortie donne droit au volontariat d'un an dans l'armée austro-hongroise.

L'Académie de Commerce comprend *deux Écoles* bien distinctes : l'*Académie de Commerce* proprement dite *avec Cours préparatoire*, et *un Cours pour les apprentis de Commerce.*

Le régime intérieur est l'*externat*.

I. — Académie de Commerce avec cours préparatoire.

L'Académie de Commerce comprend trois cours d'un an et une *Année préparatoire*.

Le tableau suivant indique les matières facultatives ou obligatoires enseignées dans l'Académie et le nombre d'heures qui leur est consacré par semaine.

ENSEIGNEMENT OBLIGATOIRE :	NOMBRE D'HEURES PAR SEMAINE POUR CHAQUE COURS — Classes			
	Cours prép^{res}	I Div^{on} inf^{re}	II	III Div^{on} sup^{re}
Instruction religieuse	2	»	»	»
Langue allemande	4	3	3	3
Langue française	3	4	4	4
Langue anglaise ou Langue italienne } au choix	»	3	3	3
Géographie	3	2	2	2
Histoire	2	2		2
Arithmétique	5	»	»	»
Géométrie	3	2	1	»
Algèbre	»	2	2	»
Histoire naturelle	3	3	»	»
Physique	2	2	2	»
Enseignement commercial. — Comptoir	»	3	»	»
Tenue des livres et correspondance	»	»	4	»
Comptoir des échantillons	»	»	»	5
Arithmétique commerciale — Usages commerciaux	»	3	3	4
Chimie et Technologie chimique	»	»	2	2
Étude des marchandises	»	»	2	2
Économie politique	»	»	»	2
Législation commerciale et industrielle	»	»	»	3
Calligraphie	2	2	2	1
NOMBRE TOTAL D'HEURES PAR SEMAINE	29	31	32	33
ENSEIGNEMENT FACULTATIF :				
Exercices pratiques au laboratoire	»	»	2	2
Sténographie	»	»	2	2
Gymnastique	2	2	2	2
NOMBRE TOTAL D'HEURES PAR SEMAINE	2	2	6	6

L'Académie possède :

Une bibliothèque pour le corps enseignant et pour les élèves ; une collection de cartes géographiques ; une collection d'instruments de physique ; une collection d'histoire naturelle ; un laboratoire de chimie et un musée de marchandises.

EXAMEN D'ADMISSION. — On reçoit dans l'Académie de Commerce des *élèves réguliers* qui suivent tous les cours et des *auditeurs libres* (Hospitanten), qui ne suivent que certains cours, à leur choix.

Pour être admis de droit dans la Ire classe de l'Académie, il suffit d'avoir fait la 4e classe d'un Gymnase de l'État, d'un Gymnase industriel, de l'École des Arts-et-Métiers ou d'avoir suivi le cours préparatoire de l'Académie commerciale. Les autres élèves doivent subir un examen d'admission permettant de constater qu'ils sont aptes à entrer dans la Ire classe de l'Académie. On admet, dans la IIe et dans la IIIe, les élèves qui, à la suite d'un examen, prouvent qu'ils sont en état de suivre les cours avec fruit.

Les élèves qui ont satisfait aux examens de sortie et qui avaient terminé, avant leur entrée à l'Académie, la 4e classe, soit d'un Gymnase de l'État, soit d'un Gymnase industriel ou de l'École des Arts-et-Métiers, reçoivent de la Société commerciale un diplôme qui leur confère le *droit au volontariat d'un an dans l'armée austro-hongroise.*

Les auditeurs libres (Hospitanten) n'ont droit qu'à un certificat qui leur est délivré par le Directeur et auquel n'est attachée aucune prérogative spéciale.

Le nombre des élèves qui fréquentaient les cours de l'Académie de Commerce et du Cours préparatoire en 1885, était de 103, répartis de la manière suivante :

Classes	Cours prép^re	Div^on inf^re		Div^on sup^re	
		I	II	III	Total
Nombre d'élèves	14	36	24	29	**103**

Ces cours sont également suivis par 14 auditeurs libres.

L'âge des élèves varie de 14 à 20 ans.

FRAIS D'ÉTUDES ET RENSEIGNEMENTS DIVERS. — Les frais d'études pour les élèves réguliers sont de 100 florins (250 fr.) par an, payables par semestre pour chaque cours de l'Académie et pour le cours préparatoire.

L'Administration accorde des bourses et des demi-bourses aux élèves dont les ressources sont insuffisantes et qui s'en rendent dignes par leur travail. Le nombre des boursiers s'élève à 29.

Les auditeurs libres paient 5 florins (12 fr. 59) par an, pour chaque cours hebdomadaire, et ils versent, en outre, un droit d'admission de 5 florins (12 fr. 50).

II. — Cours pour les apprentis de commerce.

Ces cours sont obligatoires pour tous les employés qui ne peuvent fournir la preuve qu'ils sont sortis avec succès d'une école commerciale.

Les cours des apprentis de commerce ont lieu le soir et même le dimanche. Ils comprennent trois classes dont les cours durent chacun pendant *un an.*

Les facultés enseignées dans ces cours, sont les suivantes :

	NOMBRE D'HEURES PAR SEMAINE POUR CHAQUE COURS Classes		
MATIÈRES DE L'ENSEIGNEMENT :	I Div^on inf^re	II	III Div^on Sup^r
Langue allemande	3	»	»
Géographie	2	2	»
Arithmétique commerciale	2	2	1
Tenue des livres.	»	1	1
Correspondance et travaux de comptoir. . .	»	2	2
Droit commercial et change	»	»	2
Calligraphie	1	1	»
Étude des marchandises	»	»	2
NOMBRE TOTAL D'HEURES PAR SEMAINE. .	8	8	8

L'enseignement est donné par 7 professeurs, et les cours sont fréquentés par 110 apprentis de commerce, ainsi répartis :

	Div^on inf^re		Div^on Sup^re		
Classes.	I	II *a*	II *b*	III	Total
Nombre d'élèves	35	30	27	18	**110**

Sur ces 110 élèves, 18 ont suivi les cours à titre de boursiers.

FRAIS D'ÉTUDES. — Les frais d'études pour les apprentis de commerce sont de 12 florins (30 fr.) par an seulement.

BUDGET. — Les dépenses annuelles de l'Académie de Linz s'élèvent environ à 18.000 florins (45.000 fr.) pour l'Académie de Commerce et 2.000 florins (5.000 fr.) pour l'École d'apprentis ; elles sont couvertes à l'aide de subventions et des sommes payées par les élèves comme frais d'études et d'inscription. Ces dernières se sont élevées à 4.000 florins (10.000 fr.) environ en 1884.

Les bâtiments dans lesquels l'Académie de Commerce est installée appartiennent à la Corporation des négociants·de Linz et l'administration n'a pas de loyer à payer.

4. — Académie de Commerce de Prague.
(Prager Handels-Akademie.)

L'Académie de Commerce de Prague est le premier établissement d'enseignement commercial supérieur créé en Autriche. Sa fondation date de 1856. La Corporation des négociants de Prague (Handelsgremium) réunit à l'origine 50.000 florins (125.000 fr.) pour la fondation de cette Académie, et, depuis, elle a continué à administrer son œuvre en l'entourant de soins tout particuliers. C'est elle qui se charge, à ses frais, de la *Caisse de retraite des professeurs*.

Dès la première année de sa fondation, l'Académie a été fréquentée par 200 élèves environ; aujourd'hui ses cours ont été suivis par plus de 3.100 jeunes gens, et 1.900 environ ont terminé toutes leurs études à l'Académie.

Cet établissement a servi en quelque sorte de type pour la création de toutes les Écoles de Commerce d'Autriche. Il ne reçoit aucune subvention.

L'Académie possède une bibliothèque, un musée de marchandises, un cabinet d'histoire naturelle, un laboratoire de physique et de chimie, et une collection de monnaies.

L'Académie dispose d'un certain nombre de bourses.

Elle admet des élèves régu iers et des auditeurs libres.

Le régime intérieur est *l'externat.*

Depuis 1875, le diplôme de sortie donne droit au volontariat d'un an dans l'armée austro-hongroise.

ENSEIGNEMENT. — La durée des cours est de trois ans.

Pour être admis en 1re année (division inférieure), il faut avoir 14 ans au moins et être muni d'un certificat de fréquentation de la IV° classe d'une École moyenne publique, ou subir un examen.

Le tableau suivant indique les matières enseignées et le nombre
d'heures qui leur est consacré par semaine.

	NOMBRE D'HEURES PAR SEMAINE POUR CHAQUE COURS Classes		
MATIÈRES DE L'ENSEIGNEMENT :	I Div⁰ⁿ inf⁰	II	III Div⁰ⁿ Sup⁰
Étude du commerce	1	1	»
Opérations de comptabilité et correspondance.	2	»	»
Correspondance commerciale et . Tenue des livres.	»	4	5
Arithmétique commerciale	3	3	3
Usances et calculs pour marchandises. . . .	»	»	1
Algèbre.	2	1	»
Géographie	2	2	2
Histoire.	2	2	2
Économie nationale.	»	»	2
Droit commercial	»	»	2
Histoire naturelle	2	»	»
Physique	2	1	»
Chimie	»	2	2
Étude des marchandises	»	2	3
Langue allemande.	4	3	3
Langue française et correspondance	4	5	4
Langue anglaise et correspondance	4	3	3
Calligraphie.	2	2	1
NOMBRE TOTAL D'HEURES PAR SEMAINE. .	30	31	33

ENSEIGNEMENT FACULTATIF.

	I	II	III
Répétitions en français pour les commençants	1	»	»
Langue italienne et correspondance. . . .	3	3	3
Langue tchèque et correspondance	2	2	2
Chimie pratique.	»	»	2
Sténographie.	2	2	1
NOMBRE TOTAL D'HEURES PAR SEMAINE. .	8	7	8

L'enseignement est donné par 15 professeurs, et les élèves qui
fréquentent l'Académie sont au nombre de 320, ainsi répartis :

	Div⁰ⁿ inf⁰				Div⁰ⁿ sup⁰		
Classes	I a	I b	II a	II b	III a	III b	Total
Nombre d'élèves.	56	58	59	59	46	42	320

Parmi ces élèves: 150 ont de 14 à 17 ans ; 145 ont de 17 à 20
ans; 25 ont de 20 à 27 ans.

FRAIS D'ÉTUDES. — La rétribution scolaire est de 150 florins (375 fr.) par an.

Les fils des membres de la Corporation des négociants de Prague ne paient que 100 florins (250 fr.)

Les auditeurs libres paient 7 florins (17 fr. 50) par an, pour chaque cours d'une heure par semaine.

BUDGET. — Les frais d'enseignement s'élèvent à 25.000 florins (62.500 fr.) par an, environ. Ces dépenses sont entièrement couvertes par les rétributions scolaires, qui ont fourni dans ces dernières années, des excédents variant de 6.000 à 7.000 florins (15.000 fr. à 17.500 fr.) par an.

La Corporation des négociants de Prague est propriétaire des bâtiments dans lesquels l'Académie est installée, et l'Administration n'a pas de loyer à payer.

5. — Académie de Commerce bohémienne-slave de Prague.

(Ceskoslovanska-Akademie Obchodní v. Praze.)

L'Académie de Commerce bohémienne-slave de Prague a été fondée, en 1872, par une société composée de négociants bohémiens de la ville.

L'Etat lui accorde une subvention annuelle de 2.500 florins (6.250 fr.), et le Conseil municipal de Prague y entretient un certain nombre de jeunes gens, à titre de boursiers.

Le diplôme de sortie donne droit au volontariat d'un an dans l'armée austro-hongroise.

Le régime intérieur est l'*externat*.

ENSEIGNEMENT. — Les cours sont faits exclusivement en langue bohémienne, et la durée des études est de 3 ans. Pour être admis dans la 1re classe (division inférieure), les élèves doivent avoir suivi les 4 classes d'un Gymnase ou d'une École réale, et être âgés de 15 ans au moins. Le tableau suivant indique les matières enseignées à l'Académie, et le nombre d'heures qui leur est consacré, par semaine.

MATIÈRES DE L'ENSEIGNEMENT :	NOMBRE D'HEURES PAR SEMAINE POUR CHAQUE COURS Classes		
	III Div^{on} infre	II	I Div^{on} supre
Langue bohême et correspondance commerciale en langue bohême et en langue allemande	3	3	2
Langue allemande (*Obligatoire*).	4	4	3
Langue et correspondance anglaises. . }			
Langue et correspondance françaises. . } *Au choix*	3	3	2
Langue et correspondance russes. . . }			
Langue grecque moderne.	2	2	2
Géographie	2	2	2
Histoire universelle	2	2	2
Tenue des livres.	2	4	6
Statistique commerciale.	»	»	1
Mathématiques	2	1	»
Arithmétique commerciale	3	3	3
Physique	2	»	»
Histoire naturelle	2	»	»
Chimie	3	»	»
Étude des marchandises.	»	2	2
Technologie chimique	»	2	»
Technologie mécanique.	»	»	2
Législation commerciale	»	2	2
Économie politique	»	2	2
Calligraphie.	2	2	1
Sténographie bohême.	2	1	»
Sténographie allemande	»	»	1
NOMBRE TOTAL D'HEURES PAR SEMAINE. .	34	35	33

L'enseignement est donné par 16 professeurs, et les cours sont suivis par 318 élèves, répartis de la manière suivante:

	Div^{on} infre			Div^{on} supre		
Classes	I a	I b	II a	II b	III a III b	Total.
Nombre d'élèves.	62	49	57	52	48	50	**318**

L'âge de ces élèves varie de 15 à 22 ans.

FRAIS D'ÉTUDES. — La rétribution scolaire est de 120 florins (300 fr.) par an.

BUDGET. — Les dépenses annuelles sont couvertes par les rétributions des élèves.

·La Municipalité de ·Prague fournit gratuitement le local dans lequel est installée l'Académie.

6. — Académie de Commerce de Presbourg.

(Pressburger Handels-Akademie.)

L'Académie de Commerce de Presbourg est un établissement d'enseignement supérieur commercial, qui a été fondé, en 1885, par la Chambre de Commerce et d'Industrie de Presbourg.

Depuis 1885, le Ministère des cultes et de l'instruction publique accorde une subvention annuelle de 3.000 florins (7.500 fr.) à cet établissement qui reçoit, en outre :

3.000 florins (7.500 fr.) de la Chambre de Commerce et d'Industrie de Presbourg ;

1.000 florins (2.500 fr.) de la ville de Presbourg ;

1.000 florins (2.500 fr.) de la Caisse d'épargne de Presbourg.

L'Académie est fréquentée par des élèves réguliers, et *le diplôme de sortie donne droit au volontariat d'un an dans l'armée austro-hongroise.*

Le régime intérieur est l'*externat.*

ENSEIGNEMENT. — L'enseignement comprend 3 années d'études.

Pour être admis, il faut, ou subir un examen, ou être muni d'un certificat constatant qu'on a suivi les quatre classes d'une école moyenne. Les élèves de cette seconde catégorie ont seuls droit au volontariat, lorsqu'ils sont munis de leur diplôme de sortie.

Le tableau suivant indique les matières enseignées et le nombre d'heures qui leur est consacré par semaine.

ENSEIGNEMENT OBLIGATOIRE :	NOMBRE D'HEURES PAR SEMAINE POUR CHAQUE COURS Classes.		
	I D.v⁰ⁿ infre	II	III Div⁰ᵃ supre
Langue hongroise (littérature et style) . . .	4	3	3
Langue allemande (littérature et style). . . .	4	4	3
Langue française.	4	4	3
Géographie générale et commerciale — Statistique	2	2	»
Histoire générale — Histoire hongroise — Histoire du Commerce.	2	2	2
Mathématiques.	4	2	»
Chimie	»	3	»
Physique	»	»	3
Arithmétique pure — Arithmétique commerciale	4	3	2
Comptabilité et Travaux des comptoirs . . .	2	3	3
Science du commerce — Etude des transports — Correspondance commerciale.	4	2	2
Étude des marchandises et technologie . . .	»	3	3
Droit commercial et industriel — Droit de change — Lois sur les faillites	»	»	3
Économie nationale et Science financière . .	»	»	4
NOMBRE TOTAL D'HEURES PAR SEMAINE. .	30	31	31

ENSEIGNEMENT FACULTATIF :

Langue anglaise; Langue italienne; Calligraphie; Sténographie; Gymnastique.

L'Académie ne compte qu'une année d'existence en 1886, et 68 élèves divisés en 2 sections suivent la 1ʳᵉ classe.

FRAIS D'ÉTUDES. — La rétribution scolaire est de 100 florins (250 fr.) par an.

BUDGET. — Le budget de l'Académie de Presbourg est actuellement de 15.000 florins (37.500 fr.) pour une seule année d'études en fonction.

L'Académie est propriétaire des bâtiments dans lesquels elle est installée; l'Administration n'a donc pas de loyer à payer.

7. — Académie commerciale et nautique de Trieste.

(I. R. Accademia di commercio e nautica Trieste.)

L'Académie commerciale et nautique de Trieste, a été fondée, en 1754, par l'Impératrice Marie-Thérèse, et c'est en 1817 qu'on y adjoignit une division commerciale.

Depuis cette époque , elle appartient à l'État.

L'Académie comprend :

1º *Une section pour le Commerce;*

II° *Une section pour la Marine;*

III° *Une section pour les Constructions navales;*

IV° *Des cours du soir.* (Cours professionnels.)

L'Académie reçoit annuellement une subvention de l'État qui s'élève à 53.000 florins (132.500 fr.)

Le diplôme de sortie donne droit au volontariat d'un an, dans l'armée austro-hongroise.

Le régime intérieur est l'*externat.*

ENSEIGNEMENT. — Les cours de la division commerciale durent 3 ans.

Pour être admis dans la division inférieure, il faut subir un examen sur l'*arithmétique,* la *géométrie,* la *géographie,* l'*histoire,* la *physique,* l'*histoire naturelle,* la *langue italienne* et la *langue allemande.*

Les élèves de la section commerciale sont au nombre de 149 répartis de la manière suivante :

	Div^{on} inf^{re}		Div^{on} sup^{re}	
Classes.	I	II	III	Total
Nombre d'élèves	61	54	34	**149**

La division des cours professionnels du soir comprend 130 élèves. Ces élèves sont âgés de 15 à 18 ans.

FRAIS D'ÉTUDES. — La rétribution scolaire est de 12 florins (31 fr. 25) par an.

BUDGET. — Les dépenses totales annuelles s'élèvent environ à 60.000 florins (150.000 francs). Elles sont couvertes, presque entièrement, par la subvention de l'État.

8. — Cours public supérieur d'Enseignement commercial de Trieste.

(FONDATION REVOLTELLA.)

(Pùblico Corso superiore d'insegnamento commerciale di fondazione Revoltella.)

Le Cours public supérieur d'Enseignement commercial de Trieste a été créé en 1877, à l'aide de fonds qui ont été laissés par le baron Pascal Revoltella.

Dans sa dernière disposition testamentaire, le baron Revoltella disait textuellement : « J'ordonne qu'il soit prélevé sur ma succession un capital de 240.000 florins (600.000 francs) à titre de fondation perpétuelle pour un établissement d'enseignement commercial. »

Les organisateurs de l'École ont voulu créer des cours d'enseignement tout à fait supérieurs, et c'est peut-être là ce qui explique le petit nombre des élèves inscrits.

Le diplôme de sortie donne droit au volontariat d'un an dans l'armée austro-hongroise.

Le régime intérieur de l'École est l'*externat*.

ENSEIGNEMENT. — L'enseignement comprend 2 ans d'études. Le tableau suivant indique les matières enseignées dans ce cours et le nombre d'heures qui leur est consacré par semaine.

	NOMBRE D'HEURES	
	PAR SEMAINE POUR CHAQUE COURS	
	Années	
ENSEIGNEMENT OBLIGATOIRE	I	II
	Divsn infre	Divsn supre
Arithmétique commerciale	2	2
Comptabilité.	6	»
Tenue des livres.	»	4
Correspondance commerciale dans diverses langues	2	2
Histoire du commerce.	1	1
Géographie commerciale	1	2
Économie politique. — Science financière . . .	3	3
Jurisprudence.	5	5
Constitution de l'État et bases de son administration	»	2
Étude des marchandises et Chimie appliquée. . .	3	4
Statistique.	1	1
Langue et Littérature italiennes.	3	2
Langue et Littérature allemandes	3	2
NOMBRE TOTAL D'HEURES PAR SEMAINE . . .	30	30
ENSEIGNEMENT FACULTATIF		
Langue et Littérature françaises	3	3
Langue et Littérature anglaises.	3	3
Langue espagnole	2	2
Grec moderne.	2	2
NOMBRE TOTAL D'HEURES PAR SEMAINE . . .	10	10

L'École reçoit des élèves réguliers qui assistent à toutes les leçons et des *Auditeurs libres*. 16 élèves seulement suivent les cours de l'École et se répartissent de la manière suivante :

	1re année	2e année [?]
Élèves réguliers	3	5
Auditeurs libres	8	»
	11	5

L'enseignement des deux années est fait exclusivement en italien, par 8 professeurs.

Enfin 2 élèves de Ire année et 1 Élève de IIe année jouissent d'une bourse (fondation Reyer) accordée par la Chambre de Commerce et d'une valeur de 200 florins (500 francs) chacune.

L'École est autorisée à se servir des échantillons de Marchandises qui se trouvent à l'Académie de Commerce, à la condition de verser 50 florins (125 fr.) par an, pour les produits employés dans les expériences de chimie.

FRAIS D'ÉTUDES. — Les élèves originaires de Trieste sont admis *gratuitement* à l'Ecole. Ceux de la province maritime (*del Litorale*) paient 25 florins (62 fr. 50) par an, et enfin ceux des autres provinces paient 50 florins (125 fr.) par an.

BUDGET. — Le budget annuel s'élève à 11.000 florins (27.500 fr.) environ.

Les bâtiments dans lesquels l'École est installée appartiennent à la Ville de Trieste; l'Administration n'a donc pas de loyer à payer.

9. — Académie de Commerce de Vienne.

(Wiener Handels-Akademie.)

L'Académie de Commerce de Vienne a été fondée, en 1858, par une Société de commerçants et d'industriels qui s'était constituée le 27 avril 1857, sur l'initiative de M. G. Ohligs, fabricant d'armes et membre de la Chambre de Commerce de la Basse-Autriche.

Cette Académie est essentiellement autonome et ne reçoit aucune subvention du Gouvernement. Elle appartient à la Corporation de l'Académie de Commerce. (Verein der Wiener Handels-Akademie). Cette corporation se compose :

1° De *Membres honoraires.*

2° De *Membres* qui donnent au moins 105 florins (262 fr. 50).

3° De *Fondateurs* qui donnent au moins 3.150 florins (7.875 fr.).

Ces derniers ont le droit, pendant 20 ans, de disposer d'une bourse en faveur d'un élève.

Le Conseil d'administration est formé de négociants et d'industriels élus par la Corporation.

Le terrain et la construction de l'établissement ont coûté environ 500.000 florins (1.250.000 fr.) Cette somme a été donnée à fonds perdus par les négociants et les industriels de Vienne.

L'immeuble, qui est très beau, a été construit en 1862, sur l'emplacement des anciennes fortifications. Il occupe, à Vienne, une position analogue à celle de l'Opéra à Paris ; il touche aux grands boulevards.

Depuis sa fondation, la Corporation a dépensé plus de 2 millions de florins (5.000.000 de fr.) pour son École.

Plus de 13.000 élèves ont fréquenté les cours, et 4.000 environ ont terminé toutes leurs études à l'Académie.

Les professeurs ont droit à une retraite. Le fonds de retraite est d'environ 100.000 guldens (250.000 fr.)

L'établissement est estimé par la Corporation à plus de 200.000 florins (500.000 fr.); dans ce chiffre, les bâtiments ne figurent que pour une somme de 100.000 florins (250.000 fr.), bien qu'ils aient coûté plus de 500.000 florins (1.250.000 fr.).

L'Académie de Commerce comprend deux divisions bien distinctes :

1° *Une division avec un cours de trois années.*

II° *Une division avec un cours d'une année.*

Ces cours sont suivis par plus de 700 élèves, parmi lesquels 150 environ jouissent de bourses entières ou de demi-bourses.

Le certificat d'études délivré à la fin du cours de trois années donne droit au volontariat d'un an dans l'armée austro-hongroise.

Les élèves du cours d'un an doivent avoir subi *l'examen de maturité* d'un Gymnase ou d'une École réale, et ils ont, par cela même, droit au volontariat.

L'école admet des élèves réguliers et des auditeurs libres.

Le régime intérieur est *l'externat.*

8

I. — Division avec un cours de 3 années.

Pour être admis dans la classe inférieure de cette division, il faut avoir passé quatre ans dans un Lycée ou dans une École réale.

Le tableau suivant indique les matières enseignées et le nombre d'heures qui leur est consacré par semaine.

ENSEIGNEMENT OBLIGATOIRE :	NOMBRE D'HEURES PAR SEMAINE POUR CHAQUE COURS Classes		
	I Divon infre	II	III Divon supre
Langue allemande	3	2	2
Langue française.	3	3	3
Langue anglaise ou italienne	3	3	3
Géographie commerciale	2	2	2
Histoire.	2	2	2
Mathématiques.	4	2	»
Arithmétique commerciale	3	3	2
Étude du commerce et Exercices de comptoir	3	»	»
Physique.	3	»	»
Histoire naturelle	2	»	»
Calligraphie	2	»	»
Tenue des livres.	»	4	»
Correspondance	»	2	»
Droit commercial et change.	»	2	»
Chimie et technologie chimique	»	3	»
Étude des marchandises	»	2	2
Arithmétique politique	»	»	2
Usances et calculs appliqués aux marchandises .	»	»	2
Exercices de comptoir — Opérations de comptabilité, de change, d'expéditions, etc	»	»	5
Législation commerciale et industrielle. . . .	»	»	3
Économie nationale.	»	»	3
NOMBRE TOTAL D'HEURES PAR SEMAINE . .	30	30	31

ENSEIGNEMENT FACULTATIF

1° Exercices pratiques au laboratoire de chimie, pour les élèves de IIe et IIIe année, 10 florins (25 fr.) par semestre.

2° Exercices pratiques au laboratoire de chimie, pour les élèves des trois années, 5 florins (12 fr. 50) par semestre.

3° Étude des droits de douane et exercices pratiques pour les classes des trois années (cours gratuit).

4° Sténographie : cours gratuit de deux ans.

Les cours commencent à 8 heures du matin et finissent à 1 heure 1/4 de l'après-midi.

L'enseignement est donné par 34 professeurs, parmi lesquels 3 sont anciens élèves de l'Académie.

Les cours sont suivis par 627 élèves, répartis de la manière suivante :

	Divon infre				Divon supre					
Classes	Ia	Ib	Ic	Id	IIa	IIb	IIc	IId	IIIa	IIIb	IIIc	Total
Nombre d'élèves.	60	56	57	56	50	55	59	56	59	59	60	**627**

Parmi ces élèves, 278 ont de 14 à 16 ans.
— 334 — 16 à 19 ans.
— 15 — 19 à 21 ans.
Enfin, 56 % sont chrétiens et 44 % sont juifs.

FRAIS D'ÉTUDES. — La rétribution scolaire est de 160 florins (400 fr.) par an pour chaque division.

II. — Division avec un Cours d'une année.

Pour être admis dans ce cours, les élèves doivent avoir subi l'examen de maturité d'un Gymnase ou d'une École réale.

Il n'est fait aucune exception à cette règle.

Le tableau suivant indique les matières enseignées et le nombre d'heures qui leur est consacré par semaine.

ENSEIGNEMENT OBLIGATOIRE :	NOMBRE D'HEURES PAR SEMAINE POUR CHAQUE COURS Cours d'un an.
Économie nationale	2
Droit du commerce, du change et de l'industrie . . .	3
Statistique et Géographie commerciales	3
Correspondance et Tenue des livres.	7
Mathématiques et Calcul commercial.	4
Étude des usances et des Calculs appliqués au commerce . .	2
Étude des marchandises	2
Étude des assurances	1
Langue française (Cours fait en allemand)	3
Langue française (Cours fait en français)	3
Langue anglaise	3
Langue italienne	3
NOMBRE TOTAL D'HEURES PAR SEMAINE	27

(Chaque Élève doit suivre un de ces cours.) — colonne de droite : 3

ENSEIGNEMENT FACULTATIF :	
Étude des droits de douane et exercices pratiques.	2
Calligraphie.	2
Exercices pratiques au laboratoire — Complément du cours de marchandises	2
NOMBRE TOTAL D'HEURES PAR SEMAINE.	6

Les cours ont lieu à 8 heures du matin et finissent à 1 heure 1/4 de l'après-midi.

Ils sont suivis par 70 élèves, parmi lesquels 62 0/0 sont chrétiens et 38 0/0 sont juifs.

L'âge de ces élèves varie de 17 à 30 ans.
33 ont de 17 à 20 ans ; 28 ont de 20 à 24 ans ; 9 ont plus de 24 ans.

FRAIS D'ÉTUDES. — La rétribution scolaire est de 160 florins (400 fr.) par an.

BUDGET. — L'Académie est installée dans des bâtiments qui lui appartiennent ; elle n'a donc pas de loyer à payer.

En 1872, l'effectif avait atteint 831 élèves et les rétributions scolaires couvraient largement les frais d'enseignement ; mais, en 1877, époque de la crise, cet effectif tomba à 427, et les frais d'études ne permirent plus d'équilibrer le budget.

Depuis 1880, le nombre des élèves de l'Académie est de nouveau en progression croissante et la situation financière de l'école est très prospère.

En 1884, les dépenses totales (Personnel d'Administration — Personnel enseignant — Caisse de retraites et frais divers) se sont élevées à 113.083 florins 11 kreutzers (282.707 fr. 77 c. 1/2.) Ces dépenses ont été en partie couvertes par les rétributions scolaires, qui ont atteint 106.000 florins (265.000 francs).

II

PRINCIPALES ÉCOLES COMMERCIALES AUSTRO-HONGROISES AVEC OU SANS
DIVISION POUR LES APPRENTIS DE COMMERCE.

		ÉLÈVES REGULIERS DE JOUR.	APPRENTIS DE COMMERCE.
1 **Aussig**	Institut commercial.	39	»
2 **Graz**	École moyenne de commerce de Ferdinand Sorger.	31	»
3 **Inspruck**	École de Commerce.	79	23
4 **Krems**	École réale supérieure avec École de Commerce.	41	23
5 **Laybach**	Institut commercial	112	92
6 **Marbourg**	Institut de Commerce.	52	71
7 **Reichenberg**	École communale de Commerce. . . .	131	»
8 **Trente**	École commerciale.	61	»
9 **Vienne**	École de Commerce de Muhlbaüer. .	32	102
10 **Vienne**	École de Commerce de J. Pazelt . .	900	300
11 **Vienne**	École de Commerce de Schwalbl . . .	50	»
	Total.	1.531	609

1. — Institut commercial d'Aussig.

(Handels-Lehranstalt zu Aussig.)

L'Institut commercial d'Aussig a été fondé, en 1879, par M. Antoine Kotéra, qui en est encore aujourd'hui directeur et propriétaire.

Le régime intérieur est *l'externat*.

L'Institut comprend :

I. *Une École supérieure de Commerce dont les cours durent deux ans.*

II. *Un Cours spécial de Commerce dont la durée est d'un an.*

III. *Un Cours du soir.*

IV. *Un Cours privé.*

1. — École supérieure de Commerce.

ENSEIGNEMENT. — La durée des cours est de deux ans.

Pour entrer directement dans la 1re classe (Div. inf.), il faut avoir suivi les cours de la 3e classe d'une École moyenne.

Le tableau suivant indique les matières enseignées et le nombre d'heures qui leur est consacré par semaine.

ENSEIGNEMENT OBLIGATOIRE :	NOMBRE D'HEURES PAR SEMAINE POUR CHAQUE COURS Classes	
	I Divªª infªª	II Divªª supªª
Arithmétique commerciale	4	4
Tenue des livres et travaux de comptoir . . .	5	7
Correspondance	4	4
Droit de change	2	2
Étude du commerce. — Économie politique . .	2	2
Géographie commerciale.	2	2
Histoire du commerce.	1	1
Marchandises	2	2
Langue allemande.	3	2
Calligraphie	2	2
NOMBRE TOTAL D'HEURES PAR SEMAINE . .	27	28

ENSEIGNEMENT FACULTATIF :

Langue française	3	3
Langue bohémienne	3	3
Sténographie	1	1
NOMBRE TOTAL D'HEURES PAR SEMAINE . .	7	7

L'enseignement est donné par 6 professeurs et les cours sont suivis par 39 élèves, ainsi répartis :

	Divªª infªª	Divªª supªª	
Classes	I	II	Total
Nombre d'élèves.	24	15	**39**

L'âge de ces élèves varie entre 15 et 19 ans.

FRAIS D'ÉTUDES. — La rétribution scolaire est de 80 florins (200 francs) par an.

II. — Cours spécial de Commerce.

Ce cours, qui dure un an seulement, est destiné aux jeunes gens qui ont suivi les classes supérieures d'une École moyenne et qui ne peuvent consacrer que peu de temps à leur éducation commerciale.

Le tableau suivant indique les matières enseignées et le nombre d'heures qui leur est consacré par semaine.

MATIÈRES DE L'ENSEIGNEMENT :	NOMBRE D'HEURES PAR SEMAINE Cours d'un an
Arithmétique commerciale	8
Comptabilité et travail de comptoir	12
Correspondance	8
Etude du commerce et Economie politique	2
Droit de change.	2
Calligraphie	2
NOMBRE TOTAL D'HEURES PAR SEMAINE	34

FRAIS D'ÉTUDES. — La rétribution scolaire est de 80 florins
(200 francs) pour l'année.

III. — Cours du Soir.

Ce cours est destiné aux apprentis de commerce; il a lieu le soir
de sept heures et demie à neuf heures.

FRAIS D'ÉTUDES. — La rétribution scolaire est de 30 florins
(75 francs) par an.

IV. — Cours privé.

Ce cours ne dure que quatre mois environ. On y enseigne :

L'arithmétique commerciale; la comptabilité en partie simple et
en partie double; la correspondance et le travail des comptoirs; le
droit commercial et l'étude des changes; la calligraphie.

BUDGET. — La municipalité d'Aussig fournit gratuitement à
l'Institut, le local, le chauffage et l'éclairage.

2. — École moyenne de Commerce de F. Sorger de Graz.

(Handels-Mittelschule des F. Sorger.)

L'École moyenne de Commerce de Graz est un établissement
privé qui a été fondé en 1877, par M. le professeur F. Sorger.

Cet établissement reçoit des élèves internes et des élèves externes.

ENSEIGNEMENT. — La durée des études est de deux ans.

Les matières enseignées sont les suivantes :

Comptabilité complète; correspondance commerciale; droit commercial; économie nationale; arithmétique commerciale; droit de
change; histoire et géographie commerciales; physique; chimie;

*langue allemande; langue anglaise; langue française; langue ita-
lienne; calligraphie et sténographie.*

L'enseignement est donné par huit professeurs et les cours sont
suivis par 31 élèves, ainsi répartis :

Classes.	Div^{on} inf^{re} I	Div^{on} sup^{re} II	Total
Nombre d'élèves	15	16	**31**

L'âge de ces élèves varie de 14 à 20 ans.

BUDGET. — Le budget total annuel de l'école s'élève à 3.500 florins (8.750 francs).

La Municipalité de Graz fournit gratuitement à l'École, le local,
le chauffage et l'éclairage.

3. — École de Commerce d'Inspruck.
(Handelsschule in Innsbruck.)

L'École de Commerce d'Inspruck a été fondée en 1879 par la
Chambre de Commerce de la Ville. Elle est installée dans un très
beau local qui lui a été offert gracieusement par la commune.

Cet établissement est placé aujourd'hui sous la haute surveillance
du Ministre et sous la direction d'un Conseil composé de Membres
de la Diète du Tyrol, du Conseil municipal, du Conseil d'administration de la Caisse d'épargne et de la Chambre de Commerce
d'Inspruck.

L'École reçoit les subventions suivantes :

Du Gouvernement I. R.	2.000 florins	(5.000 fr.	»)
De la Caisse d'épargne d'Inspruck.	1.200 —	(3.000 fr.	»)
De l'État du Tyrol	500 —	(1.250 fr.	»)
De la Chambre de Commerce d'Inspruck.	300 —	(750 fr.	»)
Dons particuliers.	735 —	(1.837 fr.	50)
En tout.	4.735 florins	(11.837 fr.	50)

Le régime intérieur de l'École est l'*externat.*

La Chambre de Commerce d'Inspruck a donné récemment une
preuve de l'intérêt qu'elle porte à cet établissement et à son personnel en passant un contrat avec la Société d'assurances *Janus,*
pour que les professeurs puissent toucher leur traitement intégral
au bout de 30 ans de services, et un traitement proportionnel au
nombre d'années de services, en cas de maladie.

ENSEIGNEMENT. — Les cours de l'École durent trois ans et comprennent une année d'études préparatoires et deux années d'études normales.

Les élèves doivent être âgés de 14 ans en entrant à l'École. On admet, sans examen, dans la première classe, les élèves qui sortent de la classe préparatoire et ceux qui sont munis d'un certificat d'aptitude d'une École libre ou d'un Gymnase. Les élèves qui ne remplissent pas cette condition, passent un examen. On admet directement dans la deuxième classe, les élèves qui sont à même de subir un examen sur les matières qui forment le cours de la première classe. Le tableau suivant indique les matières enseignées et le nombre d'heures qui leur est consacré par semaine.

ENSEIGNEMENT OBLIGATOIRE	NOMBRE D HEURES PAR SEMAINE POUR CHAQUE COURS	Classe	
		I	II
	Cours prépre	Divⁿⁱ infre	Divⁿⁱ supre
Instruction religieuse	2	»	»
Langue allemande	4	3	2
Langue italienne	2	3	3
Géographie	3	2	2
Histoire	2	2	2
Arithmétique et calcul commercial	5	3	3
Géométrie	3	»	»
Histoire naturelle	3	2	»
Sciences physiques	3	3	»
Tenue des livres	»	3	3
Correspondance commerciale et opérations des comptoirs	»	3	2
Étude du change	»	2	1
Science du commerce	»	2	»
Économie politique	»	»	2
Droit commercial et maritime	»	»	3
Étude des marchandises et technologie	»	»	5
Calligraphie	»	1	1
NOMBRE TOTAL D'HEURES PAR SEMAINE	27	29	29
ENSEIGNEMENT FACULTATIF			
Langue française	»	3	3
Langue anglaise	»	3	3
Sténographie	»	2	1
Gymnastique	2	2	2
NOMBRE TOTAL D'HEURES PAR SEMAINE	2	10	9

L'enseignement est donné par 7 professeurs.

Le tableau suivant indique le nombre des élèves qui ont fréquenté l'École depuis sa fondation :

Années	1880	1881	1882	1883	1884	1885
Nombre d'élèves	53	83	91	77	78	79

Les 79 élèves qui ont suivi les cours, en 1885, étaient répartis comme suit :

		Div^{on} infr^o	Div^{on} supr^o	
Classes.	Cours prép^{re}	I	II	Total
Nombre d'élèves	30	29	20	79

FRAIS D'ÉTUDES. — La rétribution scolaire est de 40 florins (100 fr.) par an pour le cours préparatoire et pour chacune des 2 années d'enseignement commercial. Les élèves paient, en outre un droit d'entrée de 5 florins (12 fr. 50 c.)

II. — Division des apprentis de commerce.

La Chambre de Commerce a annexé à l'École de Commerce des cours spéciaux pour les apprentis.

Ces cours durent 6 mois, à raison de 2 leçons de 2 heures chacune par semaine.

.'Le nombre des apprentis qui suivent ces cours est de 22, répar comme suit :

	Div^{on} infr^o	Div^{on} supr^o	
Classes	I	II	Total
Nombre d'élèves	16	6	22

FRAIS D'ÉTUDES. — Les apprentis paient 3 florins (7 fr. 50 c.) pour chaque cours semestriel.

BUDGET. — La Commune d'Inspruck, en outre du local qu'elle a donné à l'École, prend à sa charge le chauffage, l'éclairage et le paiement des gens de service.

La Chambre de Commerce couvre lès déficits qui peuvent se produire.

4. — École réale supérieure de Krems avec École de Commerce pour les Élèves réguliers et les Apprentis de commerce.

(Landes Oberrealschule mit Landes Handelsschule in Krems.)

L'École réale supérieure de Krems avec École de Commerce pour les élèves réguliers et pour les apprentis de commerce a été fondée, en 1853, par le Conseil de la Basse-Autriche.

Elle comprend, outre l'École réale supérieure :

I. *Un Cours de deux ans pour les élèves réguliers.*
II. *Un Cours du soir pour les apprentis.*

I. — Cours de deux ans pour les élèves réguliers.

ENSEIGNEMENT. — Le tableau suivant indique les matières enseignées dans ce cours et le nombre d'heures qui leur est consacré par semaine :

	NOMBRE D'HEURES PAR SEMAINE POUR CHAQUE COURS Classes	
ENSEIGNEMENT OBLIGATOIRE :	I Divon infre	II Divon supre
Arithmétique commerciale	4	5
Science du commerce.	3	2
Correspondance et travaux de comptoirs.	2	3
Comptabilité.	2	3
Étude des marchandises et technologie.	4	4
Géographie commerciale	3	3
Langue allemande	4	3
Calligraphie	2	1
Géométrie	2	»
Droit de change. Droit commercial et industriel.	»	3
Économie politique.	»	2
NOMBRE TOTAL D'HEURES PAR SEMAINE. . .	26	29
ENSEIGNEMENT FACULTATIF :		
Langue française	3	3
Dessin.	3	3
Sténographie.	2	2
Gymnastique.	2	2
Chant.	2	2
NOMBRE TOTAL D'HEURES PAR SEMAINE. . .	12	12

L'enseignement est donné par 7 professeurs et les cours sont fréquentés par 41 élèves, ainsi répartis :

	Divon infre	Divon supre	
Classes	I	II	Total
Nombre d'élèves	22	19	41

L'âge de ces élèves varie de 14 à 20 ans.

FRAIS D'ÉTUDES. — La rétribution scolaire est de 10 florins (25 francs) par an.

2° Cours du soir pour les apprentis de commerce.

ENSEIGNEMENT. — La durée de ce cours est de 2 ans.

Le tableau suivant indique les matières enseignées et le nombre d'heures qui leur est consacré par semaine.

MATIÈRES DE L'ENSEIGNEMENT :	NOMBRE D'HEURES PAR SEMAINE POUR CHAQUE COURS Classes	
	I Divⁿ infⁿ	II Divⁿ suprⁿ
Arithmétique commerciale	2	1
Correspondance commerciale. Travaux de comptoirs. Étude des changes	1	»
Tenue des livres et correspondance.	»	2
Étude des marchandises	2	2
NOMBRE TOTAL D'HEURES PAR SEMAINE. . .	5	5

Les cours sont suivis par 22 élèves, ainsi répartis :

Classes	Divⁿ infⁿ I	Divⁿ suprⁿ II	Total
Nombre d'élèves	10	12	22

BUDGET. — Le budget des cours commerciaux est confondu avec celui de l'École réale qui s'élève à 30.000 florins (75.000 francs) environ par an.

La Municipalité de Krems fournit gratuitement à l'École le local, le chauffage et l'éclairage,

5. — Institut commercial de Laybach.
(Handels Lehransta't in Laybach.)

L'Institut commercial de Laybach a été fondé, en 1834, par la Corporation des négociants de la Ville, sur l'initiative de Jacques François Mahr, qui était, à cette époque, directeur propriétaire d'un Institut semblable à Graz.

Cet Institut, soumis à la surveillance du Gouvernement I. et R., comprend deux divisions bien distinctes :

I° Un établissement privé d'enseignement commercial;

II° Une division pour les apprentis de commerce, plus spécialement placée sous la surveillance des marchands de Laybach.

Cet Institut, qui jouit d'une légitime réputation en Autriche, a été fréquenté depuis sa fondation par 7.996 élèves répartis, comme suit :

3.730 dans l'établissement privé d'enseignement commercial.

4.185 dans la division des apprentis de commerce.

L'Institut reçoit des élèves de toutes les provinces austro-hongroises, de la Serbie, des principautés danubiennes, de l'Italie, de la Grèce, etc.

En 1883, l'Empereur d'Autriche a visité cet établissement.

L'État n'accorde aucun subside à l'Institut, mais la division des apprentis de commerce reçoit une subvention du Corps des négociants de Laybach.

L'École reçoit des *élèves internes* et des *élèves externes*.

1° — Établissement privé d'Enseignement commercial.

Cet établissement est spécialement destiné aux jeunes gens qui ont fait la 2e année des Écoles techniques inférieures et à ceux qui ont suivi les cours élémentaires des Gymnases.

Pour être admis, il faut avoir 14 ans au moins et 16 ans au plus.

L'Institut dispose de 35 places pour des pensionnaires.

Le personnel comprend 18 maîtres dont 7 sont spécialement chargés de la surveillance des élèves internes.

ENSEIGNEMENT. — Les cours de la division d'enseignement commercial durent 2 ans.

Le tableau suivant indique les matières enseignées. Le nombre d'heures consacré par semaine, à ces matières, varie entre 45 et 48 heures.

ENSEIGNEMENT OBLIGATOIRE :

Religion ; calligraphie ; science du commerce ; calcul commercial ; comptabilité complète ; histoire et géographie commerciales ; correspondance ; chimie et étude des marchandises ; droit civil et commercial ; banque-bourse et science financière ; lois sur le change ; économie politique ; langue allemande ; langue italienne ; langue française (Enseignement en allemand ou en italien) ; *langue anglaise ; langue slave.*

ENSEIGNEMENT FACULTATIF :

Seconde langue étrangère ; musique ; chant ; dessin ; gymnastique ; escrime.

L'enseignement est donné en allemand ; les étrangers qui ne parlent pas cette langue, reçoivent, pendant le premier semestre, l'enseignement dans leur langue maternelle.

Le nombre des élèves qui suivent ces cours est, en 1886, de 112, répartis de la manière suivante :

Classes	Div inf	Div sup			
Classes	I		II		
	Internes	Externes	Internes	Externes	Total
Nombre d'élèves	32	24	32	24	**112**

FRAIS D'ÉTUDES. — Les *internes* paient 400 florins autrichiens (1.000 francs) par an , plus 40 florins (100 francs) environ pour frais divers.

Les *externes* paient 70 florins (175 francs) par an.

Les cours de langues se paient à part.

II° — Division des apprentis de commerce

ENSEIGNEMENT. — L'enseignement de cette division dure 3 ans. Un cours préparatoire a lieu les dimanches et jours fériés, de 9 heures à midi et de 2 à 5 heures du soir.

Le tableau suivant indique les matières enseignées dans cette division :

COURS PRÉPARATOIRE : *Religion ; langue et littérature allemandes ; calcul ; calligraphie ; géographie.*

PREMIÈRE ANNÉE : *Religion ; langue et littérature allemandes ; calcul ; correspondance ; étude des marchandises ; calligraphie.*

DEUXIÈME ANNÉE : *Religion; calcul ; comptabilité en partie simple ; géographie ; correspondance ; lois relatives au change ; étude des marchandises.*

TROISIÈME ANNÉE : *Religion; calcul ; comptabilité en partie double ; correspondance; lois relatives au change ; science du Commerce.*

L'enseignement est donné par 9 professeurs.

Ces cours sont fréquentés, en 1886, par 92 apprentis de commerce, répartis comme suit :

Classes	Cours prép	Div inf		Div sup	Total
Classes	Cours prép	I	II	III	Total
Nombre d'élèves .	6	49	22	15	92

BUDGET. — L'Institut n'a pas de loyer à payer ; il est d'ailleurs en pleine prospérité et possède actuellement un fonds de réserve de 50.000 florins (125.000 francs).

En ce qui concerne le budget spécial de la division des apprentis de commerce, les subventions accordées par les commerçants de Laybach, depuis la fondation, dépassent 30.000 florins (75.000 fr.), et aujourd'hui les fonds de réserve de cette division s'élèvent à 14.000 florins (35.000 francs) environ.

6. — Institut de Commerce de Marbourg.

(Handels-Lehranstalt des Professors Peter Resch.)

L'Institut de Commerce de Marbourg a été fondé par M. le professeur Peter Resch, qui en est le propriétaire.

L'Institut comprend deux divisions bien distinctes :

I. *Une Division d'élèves réguliers*, dite *École de Commerce intermédiaire*.

II. — *Une Division pour les apprentis de commerce*.

L'Institut est subventionné par le Ministère de l'Instruction publique et par la Diète de Styrie.

On reçoit des *élèves internes* et des *élèves externes*.

I. — Division des élèves réguliers.

La durée des cours de cette division est de 2 ans.

Le tableau suivant indique les matières enseignées et le nombre d'heures qui leur est consacré par semaine.

MATIÈRES DE L'ENSEIGNEMENT :	NOMBRE D'HEURES PAR SEMAINE POUR CHAQUE COURS Classes	
	I Divon infre	II Divon supre
Langue allemande	4	3
Langue française	4	4
Géographie	2	2
Histoire	2	2
Étude des marchandises	3	»
Tenue des livres (partie simple)	3	»
Tenue des livres (partie double)	»	3
Correspondance commerciale	2	2
Science du Commerce	3	»
Droit commercial	»	3
Étude des changes	»	3
Économie politique	»	2
Arithmétique commerciale	4	4
Calligraphie	2	2
NOMBRE TOTAL D'HEURES PAR SEMAINE	29	30
Langue italienne (facultative)	4	4

L'enseignement est donné par 7 professeurs et les cours sont suivis par 52 élèves, ainsi répartis :

	Div⁻⁻ infⁿ	Div⁻⁻ supⁿ	
Classes	I	II	Total
Nombre d'élèves	34	18	**52**

L'âge de ces élèves varie de 14 à 18 ans.

FRAIS D'ÉTUDES. — La rétribution scolaire pour les cours de cette division est de 100 florins (250 francs) par an.

II. — Division pour les apprentis de commerce.

Les cours de cette division durent 3 ans, et les matières enseignées sont : *la langue allemande ; la tenue des livres ; les éléments du droit commercial ; l'étude des changes ; l'arithmétique commercial et la calligraphie.*

Les cours sont suivis par 71 apprentis de commerce ainsi répartis :

	Div⁻⁻ infⁿ		Div⁻⁻ supⁿ	
Classe	I	II	III	Total
Nombre d'élèves	31	24	16	**71**

L'âge de ces apprentis varie de 16 à 20 ans.

FRAIS D'ÉTUDES. — La rétribution scolaire pour la division des apprentis de commerce est de 12 florins (30 francs) par an.

La Municipalité de Marbourg fournit gratuitement à l'Institut, le local, le chauffage et l'éclairage.

7. — École communale de Commerce de Reichenberg
(Communal Handelsschule zu Reichenberg.)

L'École communale de Commerce de Reichenberg est fréquentée par des élèves réguliers. Elle a été fondée, en 1863, par la Municipalité qui en est encore aujourd'hui propriétaire.

Elle reçoit de la Caisse d'Épargne de Reichenberg une subvention annuelle de 6.000 florins (15.000 francs). Le régime intérieur est l'*externat.*

ENSEIGNEMENT. — Les élèves ne sont admis qu'à partir de 14 ans.

L'enseignement comprend 2 années d'études normales et une
année préparatoire.

Le tableau suivant indique les matières enseignées et le nombre
d'heures qui leur est consacré par semaine.

ENSEIGNEMENT OBLIGATOIRE :	NOMBRE D'HEURES PAR SEMAINE POUR CHAQUE COURS		
		Classes	
		I	II
	Cours prép^{re}	Div^{on} inf^{re}	Div^{on} sup^{re}
Religion catholique	2	»	»
Arithmétique	3	»	»
Arithmétique commerciale	»	5	4
Algèbre et Géométrie.	4	»	»
Études du commerce. Travaux des Comptoirs. Correspondance	»	8	5
Droit commercial et Droit de change	»	»	2
Histoire naturelle	2	»	»
Physique	2	»	»
Chimie	3	»	»
Chimie et étude des marchandises.	»	4	3
Géographie	2	»	2
Géographie commerciale	»	2	»
Histoire.	2	»	»
Histoire commerciale.	»	2	2
Économie nationale	»	»	1
Langue allemande	5	4	3
Langue française.	3	5	4
Langue anglaise	»	»	4
Calligraphie	2	2	2
NOMBRE TOTAL D'HEURES PAR SEMAINE. . .	30	32	32
Sténographie (facultative).	2	2	2

L'enseignement est donné par 8 professeurs et les cours sont
fréquentés par 134 élèves, ainsi répartis :

Classes.	Cours prép^{re}	Div^{on} inf^{re}		Div^{on} sup^{re}	
		Ia	Ib	II	Total
Nombre d'élèves	33	36	33	32	134

Parmi ces 134 élèves :

           49 sont âgés de 14 à 16 ans.
           76   —   16 à 18 —
            9   —   18 à 21 —

FRAIS D'ÉTUDES. — Les rétributions scolaires sont de :
30 florins (75 fr.) par an, pour le cours préparatoire;
60   —   (150 fr.) par an, pour la 1re et la 2e classe.

BUDGET. — Le budget total annuel de l'École varie entre 13.000 et 14.000 florins (32.500 fr. et 35.000 fr.).

La Municipalité de Reichenberg prend à sa charge le local, le chauffage et l'éclairage de l'École.

8. — École Commerciale de Trente.

(Scuola commerciale in Trento.)

L'École commerciale de Trente appartient à l'État; elle a été fondée en 1874.

Elle reçoit des *élèves réguliers* et des *auditeurs libres*.

Le régime intérieur est *l'externat*.

ENSEIGNEMENT. — La durée des études est de 3 ans, y compris une année préparatoire.

Pour être admis dans la 1re classe, les élèves doivent être âgés de 14 ans et subir un examen s'ils n'ont pas suivi les cours d'une École réale ou ceux d'un Gymnase inférieur.

Le tableau suivant indique les matières enseignées et le nombre d'heures qui leur est consacré par semaine.

MATIÈRES DE L'ENSEIGNEMENT :	Cours prépre	I Divon infre	II Divon supre
Instruction religieuse.	2	»	»
Langue italienne et correspondance commerciale	5	5	3
Langue allemande et correspondance commerciale	3	5	6
Langue française.	»	2	2
Science du commerce (Théorie. Tenue des livres. Travail des comptoirs).	»	6	8
Mathématiques et Arithmétique commerciale.	4	4	2
Géographie	3	2	2
Histoire universelle et commerciale	3	2	2
Histoire naturelle	4	»	»
Physique	4	»	»
Chimie. — Étude des marchandises	»	3	3
Droit commercial Étude des changes	»	»	2
Économie nationale.	»	»	2
Calligraphie	1	2	»
NOMBRE TOTAL D'HEURES PAR SEMAINE.	29	31	32

Table header: NOMBRE D'HEURES PAR SEMAINE POUR CHAQUE COURS — Classes

L'enseignement est donné par 8 professeurs et les cours sont suivis par 61 élèves, répartis de la manière suivante :

Classes.	Cours prép^{re}	Div^{on} inf^{re} I	Div^{on} sup^{re} II	Total
Nombre d'élèves	27	23	11	**61**

Parmi ces 61 élèves :

38 ont de 13 à 17 ans,
et 23 ont de 17 à 20 ans.

FRAIS D'ÉTUDES. — La rétribution scolaire est de 10 florins (25 fr.) par an, pour chaque classe.

Il n'est accordé aucune réduction aux auditeurs libres.

BUDGET. — La Municipalité fournit gratuitement à l'École, le local, le chauffage et l'éclairage.

9. — École de Commerce de Mühlbauer, à Vienne.

(Mühlbauer'sche Handelsschule in Wien.)

Cet établissement a été fondé en 1848 par Charles Mühlbauer dont il a conservé le nom. Il appartient au Directeur actuel, M. Max Allina.

L'École comprend :

1º *Une Division pour les élèves réguliers du jour* (Cours de 2 ans).

2º *Un Cours spécial pour les adultes.*

3º *Un Cours spécial du Dimanche.*

4º *Un Cours spécial sur les assurances.*

5º *Un Cours pour les dames et pour les demoiselles.*

Le régime intérieur est *l'externat.*

ENSEIGNEMENT. — Pour être admis dans la division des élèves réguliers, il suffit d'avoir suivi les cours d'une École primaire.

Les matières enseignées sont les suivantes :

Tenue des livres.	3 heures par semaine.
Science du commerce.	3 —
De la lettre de change.	3 —
Correspondance commerciale	2 —
Géographie commerciale	2 —
Langue allemande.	2 —
Langue française.	3 —
Langue anglaise	3 —
Étude des marchandises.	2 —
Calligraphie	2 —
Sténographie.	2 —
EN TOUT	27 heures par semaine.

L'enseignement est donné par 12 professeurs.

Les élèves qui fréquentent l'École sont au nombre de 134, répartis de la manière suivante :

> 32 dans la division des élèves réguliers de jour.
> 20 dans le cours spécial pour les adultes.
> 18 dans le cours spécial du dimanche.
> 24 dans le cours spécial sur les assurances.
> 40 dans le cours pour les dames et les demoiselles.

L'âge de ces élèves varie entre 14 et 20 ans. '

FRAIS D'ÉTUDES. — La rétribution scolaire est de 80 florins (200 francs) par an, auxquels il faut ajouter de 10 à 20 florins (25 à 50 francs) pour droits d'inscription et autres menus frais.

BUDGET. — Le budget total de cette École ne dépasse pas 5.000 florins (12.500 francs) par an.

10. — École de Commerce de J. Pazelt à Vienne.
(Handels-Institut.)

L'École de Commerce de J. Pazelt, à Vienne, est un établissement privé qui a été fondé en 1840, par M. J. Geyer. Il a été dirigé par M. J. Pazelt de 1856 à 1885, époque à laquelle son gendre, M. F. Glasser, en est devenu le Directeur.

On y reçoit, dans la journée, des élèves réguliers, et, le soir, des apprentis de commerce.

L'École Pazelt est fréquentée par 900 élèves et, depuis sa fondation, ses cours ont été suivis par plus de 25.000 jeunes gens.

- 20 élèves environ ont une bourse entière, et 200 ont une demi-bourse.

Cet établissement ne jouit d'aucune subvention.

Le régime intérieur est l'externat.

ENSEIGNEMENT. — Pour être admis à suivre les cours, il faut être âgé de 14 ans et avoir reçu une bonne instruction primaire.

Les matières enseignées sont les suivantes :

Tenue des livres en partie simple et en partie double; opérations des comptoirs; calcul commercial; correspondance commerciale; droit commercial; étude des changes; économie nationale; géographie; langue allemande; calligraphie commerciale; description des articles de commerce.

ENSEIGNEMENT FACULTATIF :

Langue française; langue anglaise; sténographie.

Le nombre total des heures consacrées à ces facultés varie entre 24 et 30 heures par semaine, suivant les divisions.

L'enseignement est donné par 25 professeurs et les 900 élèves réguliers qui suivent les cours du jour. sont répartis dans différentes classes, contenant de 50 à 60 élèves.

Les cours du soir n'ont lieu que pendant 7 mois de l'année, et sont fréquentés par plus de 300 auditeurs.

L'âge de ces jeunes gens varie de 14 à 20 ans.

FRAIS D'ÉTUDES. — Les élèves de jour paient 100 florins (250 francs) par an.

Ceux du soir paient 20 florins (50 francs) pour les 7 mois de cours.

BUDGET. — Les dépenses totales annuelles de l'École s'élèvent environ à 45.000 florins (112.500 francs).

La Municipalité fournit gratuitement à l'École, le local, le chauffage et l'éclairage.

11. — École de Commerce de Schwalbl, à Vienne.

(Handelsschule von Schwalbl in Wien.)

L'École de Commerce de Schwalbl a été fondée, en 1864, par M. Schwalbl qui en est encore aujourd'hui le directeur.

L'École reçoit des *élèves externes* et quelques *élèves internes.*

ENSEIGNEMENT. — Les matières enseignées sont les suivantes :

Tenue des livres.	6	heures par semaine.
Correspondance	3	—
Droit de change	3	—
Calcul commercial	6	—
Langues étrangères.	4	—
Calligraphie	2	—
Sténographie.	2	—

L'enseignement est donné par 5 professeurs, et les cours sont fréquentés par 50 élèves environ.

L'âge minimum de ces élèves est de 14 ans.

FRAIS D'ÉTUDES. — La rétribution pour les *externes* est de 60 florins par an (150 francs).

Les élèves *internes* paient 510 florins (1.275 francs) par an.

BUDGET. — Le budget de cette École ne dépasse pas 3.000 florins (7.500 francs) par an.

La ville de Vienne fournit gratuitement à l'École. le local, le chauffage et l'éclairage.

III

PRINCIPALES ÉCOLES ET COURS SPÉCIAUX AUSTRO-HONGROIS
POUR LES APPRENTIS DE COMMERCE

		APPRENTIS DE COMMERCE
1 Cilli	École de Commerce pour les apprentis . .	40
2 Eger	École d'apprentis de commerce	43
3 Graz	École de Commerce pour adultes dirigée par Julius Fink	65
4 Hernals	École réale corporative pour les apprentis de Commerce	148
5 Klagenfurt	École d'apprentis de commerce.	68
6 Lemberg	École industrielle et commerciale pour les apprentis	90
7 Neu-Bydzow	École de Commerce pour les apprentis . .	22
8 Prague	École de Commerce d'Ant. Skrivan	155
9 Prague	Institut pour les apprentis de commerce. .	163
10 Reichenberg	École de Commerce	181
11 Salzbourg	École de Commerce pour les apprentis. .	62
12 Teplitz	École de Commerce pour les apprentis. .	60
13 Tetschen	École pour les apprentis de commerce . .	39
14 Vienne	École spéciale de Commerce pour les apprentis	1.470
15 Wiener-Neudstadt.	École de Commerce pour les apprentis . .	84
	TOTAL. . . .	2.690

1. — École de Commerce pour les apprentis de la ville de Cilli

L'École de Commerce pour les apprentis de la ville de Cilli a été fondée, en 1869, par la Chambre de Commerce de la ville, qui en est propriétaire et qui la subventionne.

ENSEIGNEMENT. — Les cours ont lieu le dimanche, et leur durée est de 2 ans.

Les matières enseignées sont les suivantes :

Calcul commercial ; tenue des livres ; lettre de change ; correspondance commerciale ; étude des marchandises ; calligraphie.

Ces cours sont suivis, chaque année, par 40 apprentis environ, dont l'âge varie de 14 à 20 ans.

FRAIS D'ÉTUDES. — La rétribution scolaire est de 13 florins (32 fr. 50) par an.

BUDGET. — Les dépenses annuelles s'élèvent à environ 300 florins (750 francs).

La Municipalité fournit gratuitement à l'École, le local, le chauffage et l'éclairage.

2. — École d'Apprentis de Commerce d'Eger.

L'École d'apprentis de commerce d'Eger a été fondée, en 1879, par la Chambre de Commerce d'Eger à qui elle appartient aujourd'hui.

Cet établissement reçoit des subventions annuelles de la commune d'Eger ;

De la Caisse d'Épargne d'Eger ;

De la Chambre de Commerce et d'Industrie ;

Du Gouvernement.

ENSEIGNEMENT. — La durée des cours est de 2 ans.

Pour être admis dans le 1er cours, il faut avoir reçu une bonne instruction primaire.

Le tableau suivant indique les matières enseignées et le nombre d'heures qui leur est consacré par semaine :

MATIÈRES DE L'ENSEIGNEMENT :	1er COURS	2e COURS
Géographie commerciale		
Correspondance commerciale. . . .	9 heures par	8 heures par
Étude des effets de commerce. . . .	semaine	semaine
Arithmétique commerciale	pour tous	pour tous
Tenue des livres.	les cours	les cours
Étude des marchandises.	réunis.	réunis.
Langue française (facultative). . . .		

L'Enseignement est donné par 3 professeurs, et les cours sont suivis par 43 apprentis de commerce ainsi répartis :

	Div^{on} Inf^{re}	Div^{on} sup^{re}	
ʌ Cours	I	II	Total
Nombre d'élèves	28	15	**43**

L'âge de ces élèves varie de 15 à 18 ans.

FRAIS D'ÉTUDES.—La rétribution scolaire est de 8 florins (20 fr.) par an, pour les apprentis qui sont employés chez des membres de la Chambre de Commerce d'Eger.

Les apprentis qui ne remplissent pas cette condition paient 10 florins (25 francs) par an.

BUDGET. — Le local, le chauffage et l'éclairage sont fournis gratuitement par la Commune d'Eger. Les dépenses totales annuelles s'élèvent à 1.000 florins (2.500 francs) environ.

3. — École de Commerce pour adultes. dirigée par Julius Fink, à Graz

(Handelsschule für Erwachsene des Dr Julius Fink, in Graz.)

Les cours d'adultes du docteur Julius Fink ont été fondés en 1867.

Chaque cours dure environ 5 mois par an.

ENSEIGNEMENT. — Les matières enseignées sont les suivantes :
La tenue des livres en partie simple et en partie double ; le calcul commercial ; la correspondance commerciale ; l'étude du droit de change; la calligraphie.

Ces cours sont fréquentés par 50 adultes hommes et 15 adultes femmes, dont l'âge varie de 16 à 30 ans.

FRAIS D'ÉTUDES. — Les rétributions scolaires sont les suivantes :

48 florins (120 fr.) pour le cours des dames ⎫
60   —   (150 fr.) pour les élèves du soir . ⎬ Durée : 5 mois environ.
80   —   (200 fr.)   —   jour . ⎭

BUDGET. — L'École ne reçoit aucune subvention ; elle vit de ses propres ressources.

4. — École spéciale corporative pour les apprentis de commerce d'Hernals

(Genossenschafts Fachschule für Handelsbeflissene in Hernals.)

L'École spéciale corporative pour les apprentis de commerce d'Hernals a été fondée, en 1870, par la Chambre de Commerce du district d'Hernals qui en est aujourd'hui propriétaire.

ENSEIGNEMENT. — La durée des cours est de 4 ans. L'enseignement comprend les matières suivantes :

1re DIVISION : *Allemand ; style commercial ; arithmétique ; géographie.*

2e DIVISION : *Style commercial ; arithmétique ; géographie ; marchandises.*

3e DIVISION : *Correspondance ; géographie ; tenue des livres ; calcul commercial.*

4e DIVISION : *Correspondance ; marchandises ; tenue des livres en partie double.*

L'enseignement est donné par 7 professeurs et les apprentis de commerce qui fréquentent ces cours sont au nombre de 148, ainsi répartis :

Classes	Divon infre		Don supre		
	I	II	III	IV	Total
Nombres d'élèves	37	44	42	25	**148**

L'âge de ces apprentis varie de 14 à 20 ans.

FRAIS D'ÉTUDES. — La rétribution scolaire est de 6 florins (15 fr.) par an.

BUDGET. — Le local dans lequel se font les cours, ainsi que le chauffage et l'éclairage, sont fournis gratuitement par la ville d'Hernals, et les dépenses annuelles s'élèvent à 1.400 florins (3.750 fr.)

5. — École des apprentis de commerce de Klagenfurt

(Kaufmannische Fortbildungsschule zu Klagenfurt.)

L'École des apprentis de commerce de Klagenfurt a été fondée, en 1853, par la Chambre industrielle de Klagenfurt, avec le concours de la Corporation des marchands de la Ville.

Depuis le mois d'octobre 1885, l'École est administrée exclusivement par la Corporation des Marchands.

ENSEIGNEMENT. — Les cours durent 3 ans.

Le tableau suivant indique les matières enseignées et le nombre d'heures qui leur est consacré par semaine :

MATIÈRES DE L'ENSEIGNEMENT	NOMBRE D'HEURES PAR SEMAINE POUR CHAQUE COURS Classes		
	III Div⁰ⁿ in fre	II	I Div⁰ⁿ supre
Arithmétique	3	2	»
Correspondance commerciale	2	1	1
Calligraphie	1	1	»
Comptabilité — Etude des changes	»	2	2
Calcul commercial	»	»	1
Géographie commerciale	»	»	2
NOMBRE TOTAL D'HEURES PAR SEMAINE . .	6	6	6

L'enseignement est donné par 5 professeurs et les cours sont fréquentés par 68 élèves, répartis de la manière suivante :

	Div⁰ⁿ infre		Div⁰ⁿ supre	
Classes	I	II	III	Total
Nombre d'élèves	22	32	14	68

L'âge de ces élèves varie de 15 à 18 ans.

FRAIS D'ÉTUDES. — La rétribution scolaire est de 6 florins (15 fr.) par an.

BUDGET. — Le budget total annuel de l'École s'élève à 600 florins (1.500 francs).

L'École n'a pas de loyer à payer, les cours étant faits dans un bâtiment appartenant à l'État.

6. — École industrielle et commerciale pour les apprentis de Lemberg. ›

L'École industrielle de Lemberg a été fondée par le Conseil·
municipal de la ville en 1865. Ce n'est que quelques années plus
tard qu'on a créé une division spéciale pour les apprentis de commerce.

ENSEIGNEMENT. — Les cours durent 2 ans.

Le tableau suivant indique les matières enseignées et le nombre
d'heures qui leur est consacré par semaine.

MATIÈRES DE L'ENSEIGNEMENT :	NOMBRE D'HEURES PAR SEMAINE POUR CHAQUE COURS Classes	
	I Div⁰ⁿ infʳᵉ	II Div⁰ⁿ supʳᵉ
Arithmétique commerciale	1	1
Tenue des livres	2	2
Correspondance commerciale	2	2
Droit commercial	1	1
Géographie commerciale	1	1
Calligraphie	1	1
NOMBRE TOTAL D'HEURES PAR SEMAINE . .	8	8

L'enseignement est donné par 6 professeurs, et les cours sont
fréquentés par 90 élèves, ainsi répartis :

	Div⁰ⁿ infʳᵉ	Div⁰ⁿ supʳᵉ	
Classes	I	II	Total .
Nombre d'élèves	61	29	90

Ces apprentis de commerce sont âgés de 15 à 20 ans.

FRAIS D'ÉTUDES. — Les cours sont entièrement gratuits.

BUDGET. — Le local est fourni gratuitement par la Municipalité
qui prend, en outre, à sa charge, les dépenses annuelles s'élevant
à 1.200 florins (3.000 francs).

7. — École de Commerce pour les apprentis de Neu-Bydzow.

Cette École est annexée à l'École primaire de Neu-Bydzow et est destinée aux apprentis de commerce.

Elle a été créée par la Société des commerçants, appartient aujourd'hui à la Ville et est subventionnée par la Société des négociants, par la Chambre de Commerce de Reichenberg et par la Banque de prêts.

ENSEIGNEMENT. — Les cours ne durent qu'un an.

Les matières enseignées sont les suivantes :

Correspondance en langue slave.	1 heure par semaine.
Tenue des livres complète et Étude des changes	2 — —
Calcul commercial	2 — —
Langue allemande et correspondance	1 — —
NOMBRE TOTAL D'HEURES PAR SEMAINE . .	6 heures par semaine.

L'enseignement est donné par 4 professeurs et les cours sont suivis par 22 apprentis de commerce.

L'âge de ces élèves varie de 14 à 18 ans.

BUDGET. — Les dépenses totales pour l'enseignement s'élèvent à 300 florins (750 francs) par an environ.

C'est la Municipalité qui prend à sa charge le loyer, le chauffage et l'éclairage de l'École.

8. — Institut de Commerce d'Ant. Skrivan à Prague.

(Handelslehranstalt des Ant. Skrivan in Prag.)

L'Institut de Commerce d'Ant. Skrivan a été fondé, en 1856, par M. Skrivan, qui en est encore aujourd'hui le directeur et le propriétaire.

C'est plutôt un Cours qu'une École. Nous le signalons à cause de son ancienneté, et, aussi, parce qu'il jouit d'une certaine notoriété, à Prague.

Il est fréquenté par 155 élèves qui ont de 14 à 20 ans et l'enseignement est donné par 5 professeurs.

ENSEIGNEMENT. — Les matières enseignées le jour sont : *l'arithmétique commerciale*; *l'économie nationale*; *le droit commercial*; la *théorie de la lettre de change*; la *comptabilité en partie simple et en partie double*, *et la correspondance commerciale*.

Ces cours sont faits en langue allemande et en langue tchèque. Chaque cours a lieu 3 heures par semaine.

Les cours du soir ont lieu de 7 heures 1/2 à 9 heures 1/2, trois fois par semaine; on y enseigne : le *calcul*; la *comptabilité*; la *correspondance commerciale* et la *théorie de la lettre de change*.

FRAIS D'ÉTUDES. — Les rétributions scolaires sont de :
8 florins 40 kr. (21 francs) par mois pour tous les cours du jour;
4 florins 20 kr. (10 fr. 50)   —   —   —   du soir.

9. — Institut pour les apprentis de commerce de Prague, dirigé par Karel Petr Kheil.

L'Institut pour les apprentis de commerce de Prague, dirigé par Karel Petr Kheil, a été fondé en 1875. Il est fréquenté par des jeunes gens qui se destinent au Commerce et par des commis.

Les cours ont lieu : le matin, de 8 heures à 11 heures; l'après-midi, de 2 heures à 5 heures, et, le soir, de 6 heures à 8 heures.

ENSEIGNEMENT. — La durée des cours du jour n'est que de 6 mois; celle des cours du soir est d'un an.

Le tableau suivant indique les matières enseignées et le nombre d'heures qui leur est consacré par semaine :

Arithmétique.	2 à 3 heures par jour.
Tenue des livres en partie simple et double. .	2 à 3 — —
Correspondance commerciale	3 heures par semaine.
Droit de change.	6 — —
Etude du commerce	3 — —
Calligraphie	3 — —

Les cours sont faits en tchèque et en allemand.

Le nombre des apprentis qui suivent ces cours est de 163 et leur âge varie de 16 à 25 ans.

FRAIS D'ÉTUDES. — La rétribution scolaire est de 84 florins (210 fr.) pour chaque cours (cour du soir et cours du jour).

BUDGET. — Le budget total annuel de l'Institut, y compris le loyer, s'élève à 6.500 florins (16.250 fr.).

10. — École de Commerce de Reichenberg.
(Gremial Handelsschule.)

L'École de Commerce de Reichenberg est spécialement destinée aux apprentis de commerce. Elle a été fondée en 1854 par le Syndicat des Commerçants de la Ville.

ENSEIGNEMENT. — L'enseignement comprend une année préparatoire et deux années d'études normales.

Les apprentis de commerce ne sont admis à suivre ces cours que s'ils ont 14 ans et s'ils ont terminé les classes d'une École élémentaire ou d'une École bourgeoise primaire.

Le tableau suivant indique les matières enseignées et le nombre d'heures qui leur est consacré par semaine.

| | NOMBRE D'HEURES PAR SEMAINE POUR CHAQUE COURS | | |
| | | Classes | |
MATIÈRES DE L'ENSEIGNEMENT	Cours prépr	I Div. supre	II Div. infre
Arithmétique	1	1	1
Étude du commerce et Droit de change. . . .	»	1/2	1/2
Tenue des livres.	»	1	1
Correspondance commerciale	»	1/2	1/2
Géographie générale et commerciale.	1/2	1/2	1/2
Langue allemande	1	»	»
Étude des marchandises	»	1/2	1/2
Calligraphie.	1/2	»	»
NOMBRE TOTAL D'HEURES PAR SEMAINE :	3	4	4

Les cours sont faits par 3 professeurs et ils sont fréquentés par 181 apprentis de commerce ainsi répartis :

| | | dives infr | Dives supre | |
Classes.	Cours prépr	I	II	Total
Nombre d'élèves	56	76	49	**181**

FRAIS D'ÉTUDES. — La rétribution scolaire est de 6 florins (15 fr.) par an.

BUDGET. — Le budget total annuel de l'École s'élève à 1.400 florins (3.500 fr.) environ.

La Municipalité de Reichenberg fournit gratuitement à l'École le local, le chauffage et l'éclairage.

11. — École de Commerce pour les apprentis de Salzbourg.

(Kaufmännische Fortbildungsschule zu Salzburg.)

L'École de Commerce pour les apprentis de Salzbourg a été fondée, en 1860, par la Chambre de Commerce de la Ville.

ENSEIGNEMENT. — La durée des études est de 3 ans.

Les apprentis ne sont admis que lorsqu'ils ont un certificat délivré par une École élémentaire.

Le tableau suivant indique les matières enseignées et le nombre d'heures qui leur est consacré par semaine :

MATIÈRES DE L'ENSEIGNEMENT :	NOMBRE D'HEURES PAR SEMAINE POUR CHAQUE COURS Classes.		
	I Divⁿ infʳᵉ	II	III Divⁿ supʳᵉ
Langue allemande	3	1	»
Géographie	1	1	»
Arithmétique	2	2	1
Calligraphie	1	1	»
Correspondance	»	1	1
Tenue des livres	»	1	2
Description des articles de commerce	»	1	1
Lettre de change et Usances	»	1	»
Calcul commercial	»	»	1
Droit commercial et Usances	»	»	1
NOMBRE TOTAL D'HEURES PAR SEMAINE . .	7	9	7

L'enseignement est donné par 5 professeurs et les cours sont fréquentés par 62 apprentis de commerce, ainsi répartis :

Classes.	Div** inf**		Div** sup**		Total
	I	II	III		
Nombre d'élèves . .	30	22	10		**62**

L'âge de ces apprentis varie de 14 à 17 ans.

FRAIS D'ÉTUDES. — La rétribution scolaire est de 16 florins (40 francs) par an pour les apprentis employés chez les Membres du Grémium, et de 24 florins (60 francs), pour les apprentis qui ne remplissent pas cette condition.

BUDGET. — Les dépenses totales annuelles s'élèvent environ à 1.700 florins (4.250 francs).

La Municipalité de Salzbourg fournit gratuitement à l'École le local, le chauffage et l'éclairage.

12. — École de Commerce pour les apprentis de Teplitz.

(Kaufmännische Fortbildungsschule in Teplitz.)

L'École de Commerce pour les apprentis de Teplitz a été fondée, en 1860, par la Chambre de Commerce de la Ville qui en est propriétaire et qui se charge de tous les frais d'entretien.

ENSEIGNEMENT. — Les cours durent deux ans. La première année est, en quelque sorte, une année préparatoire et les apprentis peuvent entrer directement dans le cours commercial proprement dit.

Les matières enseignées sont les suivantes :

Langue allemande; arithmétique; calligraphie; correspondance; comptabilité et *étude des changes.*

8 heures par semaine sont consacrées à ces cours qui ont lieu le soir et pendant l'hiver seulement.

60 apprentis de commerce fréquentent l'École.

20 appartiennent au cours préparatoire;

40   —   au cours commercial.

BUDGET. — Les dépenses totales annuelles s'élèvent à 450 florins d'Autriche (1.125 francs) environ.

Le local, le chauffage et l'éclairage sont fournis gratuitement par a Ville.

13. — École pour les apprentis de commerce de Tetschen.

(Commercielle Fortbildungsschule in Tetschen.)

L'École pour les apprentis de commerce de Tetschen a été fondée en 1871, par l'Union du Commerce de Tetschen Bodenbach.

Elle reçoit les subventions suivantes :

```
500 florins (1.250 francs) de l'État.
200 , — ( 500  — ) de la Commune.
200   —  ( 500  — ) de la Caisse d'épargne de Tetschen.
100   —  ( 250  — ) de la Caisse de la Province.
 50   —  ( 125  — ) de la Chambre de Commerce de Reichenberg.
```

ENSEIGNEMENT. — La durée des études est de deux ans. Pour être admis dans la division inférieure, les apprentis de commerce doivent être munis du diplôme d'une École primaire ou du certificat d'une École bourgeoise.

Le tableau suivant indique les matières enseignées et le nombre d'heures qui leur est consacré chaque semaine.

	NOMBRE D'HEURES PAR SEMAINE POUR CHAQUE COURS Classes	
	I Div^on infre	II Div^on supre
Science du commerce.	1	1
Tenue des livres	»	} 2 ½hre
Correspondance commerciale	2	
Arithmétique commerciale.	2	2
Étude des marchandises.	1	1
Géographie commerciale	1	1 1/2
Langue française.	2	2
Calligraphie	» 1/2	»
NOMBRE TOTAL D'HEURES PAR SEMAINE. . .	9 1/2	9 1/2

L'enseignement est donné par 6 professeurs et les cours sont suivis par 39 élèves, ainsi répartis :

Classes.	Div⁰ⁿ inf⁰ I	Div⁰ⁿ sup⁰ II	Total
Nombre d'élèves	31	8	**39**

Ces apprentis sont âgés de 16 à 23 ans.

FRAIS D'ÉTUDES. — La rétribution scolaire est de 10 florins (25 francs) par an.

BUDGET. — Les dépenses totales annuelles s'élèvent à 1.200 florins (3.000 francs).

La Commune fournit gratuitement à l'École le local où se font les cours, ainsi que le chauffage et l'éclairage.

14. — École spéciale de Commerce pour les apprentis de Vienne

(Gremial-Handels-Fachschule der Wiener Kaufmannschaft.)

L'École spéciale de Commerce pour les apprentis de Vienne a été fondée, en 1848, par la Chambre de Commerce de Vienne. Elle jouit d'une très grande renommée et est fréquentée tous les ans par plus de 1,300 apprentis ou commis de commerce.

Les sommes nécessaires pour couvrir les déficits annuels sont prélevées sur le produit des taxes auxquelles sont soumis les négociants de Vienne. La Chambre de Commerce impose la fréquentation de ces cours à tous les apprentis ou commis qui n'ont pas été dans une École de Commerce.

L'État accorde tous les ans à ces cours une subvention qui varie entre 10 à 12.000 florins (25 à 30.000 francs).

ENSEIGNEMENT. — La durée totale des cours est de 4 ans.

Le tableau suivant indique les matières enseignées et le nombre d'heures qui leur est consacré par semaine.

MATIÈRES DE L'ENSEIGNEMENT :	NOMBRE D'HEURES PAR SEMAINE POUR CHAQUE COURS Classes			
	I		II	III
	Cours inférieur	Cours supérieur		
Langue allemande.	3	2	»	»
Comptabilité en partie simple	»	»	2	»
Comptabilité en partie double	»	»	»	2
Correspondance commerciale.	»	»	2	1
Arithmétique	2	»	»	»
Arithmétique commerciale	»	2	2	2
Droit commercial et Droit de change. . .	»	»	1	»
Géographie commerciale	»	»	1	»
Étude des marchandises	»	»	»	1
Histoire naturelle	»	1	»	»
Calligraphie	1	1	»	»
NOMBRE TOTAL D'HEURES PAR SEMAINE. . .	6	6	8	6

Il existe également des cours facultatifs, dont la durée est de 2 ans, pour la *langue française*, la *langue anglaise* et la *sténographie*.

L'enseignement est donné par 19 professeurs et 4 suppléants, et les cours sont suivis par 1.470 élèves, ainsi répartis :

Classes	Divon infre I		II Divon supre	III	
	COURS INFÉRIEUR (3 DIVISIONS)	COURS SUPÉRIEUR (6 DIVISIONS)	(9 DIVISIONS)	(5 DIVISIONS)	TOTAL
Nombre d'élèves.	275	252	527	270	1.324

A ces 1.324 apprentis de commerce, il faut ajouter 146 commis de commerce qui suivent des cours spéciaux, soit en tout 1.470 élèves.

L'âge de ces élèves varie de 14 à 21 ans.

FRAIS D'ÉTUDES. — La rétribution scolaire est de 8 florins 20 fr.) par an.

BUDGET. — Ces cours sont faits dans des bâtiments appartenant à l'État.

Les dépenses totales annuelles s'élèvent environ à 22.000 florins (55.008 fr.) et les rétributions scolaires ne produisant que 10.500 florins (26.250 fr.), l'État prend à sa charge le déficit qui est de 11.500 florins (28.759 fr.).

La Chambre de Commerce fournit gratuitement le chauffage et l'éclairage.

15. — École de Commerce pour les apprentis Wiener-Neustadt.

(Gremialfachschule für Handelsbeflissene.)

L'École de Commerce de la Wiener-Neustadt a été fondée, en 1833. par la Chambre de Commerce de la Ville et réorganisée en 1874, conformément au règlement ministériel de 1872.

Elle est destinée aux apprentis de commerce.

L'État lui alloue une subvention annuelle de 250 florins (625 francs) et lui fait remise de 75 0/0 sur les impôts auxquels sont soumises les Écoles de Commerce.

ENSEIGNEMENT. — Les cours durent 3 ans.

Pour être admis dans la Ire classe, il faut avoir suivi les cours d'une École primaire.

Le tableau suivant indique les matières enseignées et le nombre d'heures qui leur est consacré par semaine.

MATIÈRES DE L'ENSEIGNEMENT :	NOMBRE D'HEURES PAR SEMAINE POUR CHAQUE COURS Classes		
	I Div^{on} inf^{re}	II	III Div^{on} sup^{re}
Langue allemande	2	1	»
Arithmétique et calcul commercial.	2	2	1
Géographie commerciale	»	1	1
Correspondance commerciale	»	1/2	1/2
Tenue des livres en partie simple.	»	1/2	»
Tenue des livres en partie double.	»	»	1
Escompte et lettres de change	»	»	1/2
Étude des marchandises	»	»	1
Calligraphie	1	»	»
NOMBRE TOTAL D'HEURES PAR SEMAINE. .	5	5	5

L'enseignement est donné par 5 professeurs et les cours sont suivis par 84 élèves, répartis de la manière suivante :

	Div^{on} inf^{re}		Div^{on} sup^{re}	
Classes	I	II	III	Total
Nombre d'élèves	22	41	21	84

L'âge de ces apprentis de commerce varie de 14 à 20 ans.

FRAIS D'ÉTUDES. — La rétribution scolaire est de 10 florins (25 francs) par an.

DGET. — Les dépenses totales annuelles s'élèvent à 1.162 florins (2.880 francs).

La Municipalité de Wiener-Neustadt fournit gratuitement à l'École, le chauffage et l'éclairage.

BELGIQUE

L'Enseignement primaire se donne en Belgique dans les *Écoles inférieures communales* et dans les *Écoles primaires supérieures.* Les élèves qui sortent de ces derniers établissements à l'âge de 13 ou 14 ans, entrent alors en apprentissage. Ceux qui désirent poursuivre leurs études doivent entrer dans les *Écoles moyennes* de l'État et ensuite dans les *Athénées.*

Les *Écoles moyennes* de l'État préparent la majeure partie des élèves qui se destinent au Commerce. En général, ces jeunes gens ont complété leur instruction vers l'âge de 15 ou 16 ans.

Les *Athénées* sont fréquentés par les jeunes gens qui désirent embrasser des carrières libérales; ce sont des établissements analogues à nos Lycées, avec cette différence toutefois qu'on y pratique le système de la bifurcation. A un certain moment, les élèves doivent spécialiser leurs études. Les uns choisissent la section des humanités ou des lettres : ce sont ceux qui aspirent à devenir professeurs, avocats, médecins, etc.; les autres entrent dans la section professionnelle où ils acquièrent les connaissances nécessaires pour se présenter aux Écoles du génie civil, aux Écoles militaires, ou pour se livrer à l'Industrie et au Commerce.

Les *Athénées* accordent à leurs élèves des *diplômes de capacité* sous le contrôle d'une commission spéciale nommée par le Ministre.

Cette Commission décide si les établissements désignés comme pouvant délivrer des diplômes, se conforment strictement aux programmes.

Bien que les *Athénées* forment des jeunes gens possédant des connaissances assez étendues pour leur permettre d'entrer dans les affaires, on a cependant compris la nécessité de fonder en Belgique un Institut où ceux qui se destinent franchement au Commerce pourraient acquérir, en peu de temps, les connaissances tout à fait spéciales qui manquent aux jeunes gens sortant de la section professionnelle des *Athénées*.

L'Institut commercial d'Anvers n'a pas d'autre but. Nous donnons plus loin des détails assez complets sur cet établissement parfaitement organisé et très habilement dirigé par un des anciens élèves de l'Institut, M. Grandgaignage. et nous croyons devoir signaler ici une excellente mesure prise par le Ministère des Affaires Étrangères (Division du Commerce et des Consulats) dans le but de développer le goût des voyages chez les anciens élèves et d'encourager la création, à l'étranger, de maisons de Commerce belges.

Le Ministère accorde, chaque année, une subvention de 45.000 francs qui sont répartis, sous le titre de *bourses de voyage*, à des anciens élèves de l'Institut, choisis parmi les plus distingués, et qui vont passer quelques années hors d'Europe.

Ces bourses de voyage sont données seulement aux élèves qui ont obtenu le diplôme de *licencié ès sciences commerciales*, et qui sont présentés par la Commission administrative de l'Institut commercial d'Anvers. Cette commission attache une grande importance au choix des candidats ; elle considère avec raison, suivant nous, qu'il est bien préférable de confier ces missions. non pas aux élèves sortant immédiatement de l'Institut, mais à ceux qui ont déjà une certaine pratique des affaires et des hommes, parce qu'alors ils sont en mesure de tirer tout le parti possible de leurs voyages et que, grâce à l'expérience déjà acquise, ils sont plus aptes à se créer des situations à l'étranger.

En conséquence, on présente ordinairement en première ligne les anciens élèves qui ont déjà passé une ou deux années, à titre d'apprentis, dans une industrie ou dans une maison de commerce. Mais ici se présente une difficulté : les industriels ou les commerçants sont peu disposés à admettre des employés dont la principale préoccupation est de les quitter à bref délai ; aussi quand ils les acceptent c'est presque toujours sans rémunération ; il faut donc que ces jeunes gens aient des ressources suffisantes pour subvenir à leurs besoins pendant cette période d'apprentissage.

Ce sont ces considérations qui ont amené M. Grandgaignage à demander au Ministère, d'employer une partie du subside annuel de 45.000 francs, à indemniser les anciens élèves de l'Institut qui font leur stage dans une des grandes villes commerciales de l'Europe. Jusqu'ici cette demande n'a pas été accueillie.

Quoi qu'il en soit, le nombre des anciens élèves, candidats aux bourses de voyage, est toujours considérable, et les résultats obtenus sont profitables pour la Belgique. Il nous suffira de rappeler que des boursiers ont créé des maisons de commerce à Buenos-Ayres, à Melbourne, à Sidney, à Calcutta, à Chicago et sur d'autres points. Ceux qui n'ont pu s'établir à l'étranger, sont revenus en Belgique : mais, grâce aux relations qu'ils avaient pu se faire pendant leur voyage de mission, ils ont fondé dans leur pays des maisons de commerce et sont devenus les représentants des négociants étrangers avec lesquels ils avaient été en rapport.

C'est grâce à ces mesures que le Gouvernement belge parvient à développer son commerce d'exportation.

En 1885, huit anciens élèves de l'Institut commercial d'Anvers ont obtenu des bourses de voyage d'une durée de 3 ans, à raison de 5.000 à 6.000 francs par an : huit autres élèves étaient en instance et attendaient que des crédits fussent devenus disponibles.

Le traitement de mission est calculé d'après les frais qu'entraînent le voyage et la cherté de la vie dans le pays qui doit être visité.

La plupart des boursiers sont d'ailleurs employés dans des maisons de commerce, dans les consulats, ou se chargent de représenter des maisons belges. Ils reçoivent ainsi une rétribution qui, jointe à leur traitement de mission, leur permet de vivre convenablement.

Voilà une organisation excellente, et qui pourrait être imitée par le Gouvernement français avec grand profit pour notre Industrie et notre Commerce.

Institut supérieur de Commerce d'Anvers.

L'Institut supérieur de Commerce d'Anvers, fondé en 1852, sur l'initiative de M. Deschamps, Ministre des Affaires Étrangères, est placé sous la surveillance du Ministère de l'Agriculture, de l'Industrie et des Travaux Publics.

L'enseignement de l'Institut est à la fois théorique et pratique. Il comprend *deux années d'études normales.*

Un *cours préparatoire* semestriel permet aux jeunes gens de se préparer à l'examen d'entrée pour la 1re année. Ce cours commence à Pâques et finit le 10 août.

Les élèves des *Cours normaux* peuvent prendre, soit une inscription générale pour tous les cours composant une année d'études, soit une inscription spéciale pour certains cours déterminés.

INSCRIPTION GÉNÉRALE. — L'inscription à tous les cours de première année ne peut être prise que par les élèves qui ont obtenu le titre d'*élève de première année*, après avoir subi un examen dont les matières sont indiquées ci-après.

L'inscription générale à tous les cours de seconde année ne peut être prise que par les élèves qui ont obtenu le titre d'*élève de seconde année*, après avoir subi un examen portant sur les matières enseignées pendant la première année d'études et qui sont indiquées au programme.

Toute inscription peut être renouvelée deux années de suite; n'est payé que moitié prix pour chaque renouvellement.

INSCRIPTION SPÉCIALE. — Les inscriptions spéciales peuvent se prendre à *toute époque de l'année.*

Aucune condition de capacité n'est exigée pour les inscriptions spéciales, excepté pour le bureau commercial où l'admission n'est

prononcée qu'après un examen passé devant le Chef du Bureau,
sur les éléments de la tenue des livres, le français, les principes d'allemand et d'anglais et les calculs commerciaux. Les élèves inscrits
à titre spécial ne peuvent obtenir aucun diplôme à leur sortie
de l'Institut.

EXAMENS. — *L'examen pour l'entrée en première année* (examen
d'admission) a lieu une fois par an, dans la première huitaine du
mois d'octobre, devant une commission nommée par le Ministre de
l'Agriculture, de l'Industrie et des Travaux publics, et présidée par
le Directeur.

Les matières de cet examen font l'objet de l'enseignement des
sections professionnelles des Athénées, des Collèges, des Gymnases
et du cours préparatoire annexé à l'Institut ; ce sont :

1° *Une composition en français et une traduction de français en
anglais et en allemand.*

2° *La géographie physique.*

3° *Les principes de l'histoire universelle.*

4° *L'arithmétique avec ses applications au commerce et les éléments de la tenue des livres.*

5° *Les éléments d'algèbre et de géométrie.*

6° *Les notions élémentaires de physique et de chimie.*

7° *Le droit commercial.*

8° *L'économie politique.*

Les élèves qui ont fait leur première professionnelle dans un
Athénée du Royaume ou dans un autre établissement légalement
assimilé aux Athénées, qui ont obtenu le certificat *de prima*
dans les Gymnases de l'Allemagne, ou qui prouvent par une attes-
tation officielle qu'ils sont aptes à suivre l'enseignement donné
à l'Institut, peuvent être dispensés par le Jury de l'examen
d'entrée, si, d'autre part, ils possèdent des connaissances suffisantes
dans la langue française et dans les langues anglaise et allemande.
Les élèves sortant de la Rhétorique latine doivent subir un examen
sur la Tenue des livres et la Chimie ; ceux qui établissent par un
certificat qu'ils ont suivi ce dernier cours, n'ont à subir un examen
que sur la Tenue des livres.

DIPLOME DE SORTIE. — Après la seconde année, des jurys nommés par le Gouvernement délivrent aux élèves ayant les connaissances requises, des *diplômes de capacité* conférant le titre de *Licencié ès sciences commerciales*; l'élève belge auquel ce diplôme est décerné, peut obtenir une bourse de voyage.

DISPOSITIONS DIVERSES. — Tous les cours de l'Institut commencent du 10 au 15 octobre. Ils se font en français; les élèves étrangers doivent donc s'attacher spécialement à bien comprendre cette langue, sans la connaissance de laquelle ils ne peuvent faire aucun progrès. — Les affaires du Bureau commercial se traitent dans les principales langues modernes.

Un Musée d'échantillons de produits naturels et fabriqués, originaires du pays et de l'étranger, une *Bibliothèque* et un *Laboratoire* sont joints à l'Institut.

Des Conférences pratiques relatives aux principaux articles de commerce, aux marchandises et aux opérations de Bourse, sont faites aux élèves de seconde année par des courtiers, des négociants ou d'autres personnes expérimentées. Les élèves visitent sous la conduite du Directeur et de plusieurs professeurs, les principaux établissements commerciaux et industriels de la ville et des environs.

L'Institut est établi sur le pied d'une Faculté.

En conséquence, les élèves ne logent pas dans l'établissement; ils prennent leurs quartiers en ville, au choix des parents, soit dans des pensions spécialement établies pour recevoir les jeunes gens de l'Institut, soit chez des professeurs, ou encore dans des maisons bourgeoises, à des conditions établies dans les prospectus.

L'Institut est administré par une Commission supérieure composée de 7 membres, dont le Bourgmestre d'Anvers est le président de droit. Les autres membres sont nommés : 3 par le Gouvernement, 3 par le Conseil communal d'Anvers.

ENSEIGNEMENT. — Le tableau suivant indique les matières enseignées et le nombre d'heures qui leur est consacré par semaine:

MATIÈRES DE L'ENSEIGNEMENT :	NOMBRE D'HEURES PAR SEMAINE POUR CHAQUE COURS Classe		
	Cours propre durée : 3 mois	I durée : 1 an	II durée : 1 an
Langue française.	3	»	»
Langue allemande	3	3	3
Langue néerlandaise	»	3	2
Langue anglaise	2	3	3
Langue espagnole. } au choix. . . . . Langue italienne . }	»	3	3
Histoire générale.	3	»	»
Histoire du commerce et de l'industrie	»	»	2
Géographie générale	3	»	»
Géographie commerciale et industrielle	»	3	»
Tenue des livres.	3	»	»
Bureau commercial	»	12	12
Arithmétique.	3	3	3
Algèbre.	2	»	»
Géométrie	2	»	»
Physique	2	»	»
Chimie	2	1	»
Étude des produits commerçables.	»	2	2
Droit civil.	2	1	»
Droit commmercial et maritime. Principes du droit des gens.	»	»	2
Économie politique et statistique	1	2	»
Législation douanière.	»	»	1
Constructions et armements maritimes. . . .	»	»	1
NOMBRE TOTAL D'HEURES PAR SEMAINE. . .	31	36	34

Le nombre des élèves des Cours normaux qui était de 52, l'année de la fondation, s'élève aujourd'hui à 134, répartis de la manière suivante :

Nombre d'Élèves. { Cours préparatoire . . . 22 (semestriel) / Institut . { 1re Année . 91 } 134 Élèves. { 2e Année . 43 }

Sur 134 élèves, en 1886, on compte 55 étrangers.

Voici d'ailleurs, quels ont été les effectifs de l'Institut d'Anvers, depuis l'année 1874.

ANNÉES SCOLAIRES	NOMBRE TOTAL DES ÉLÈVES	BELGES	ÉTRANGERS	PAYS D'ORIGINE DES ÉTRANGERS							
				ALLEMAGNE	FRANCE	SUISSE	RUSSIE	SUÈDE ET NORVÈGE	HOLLANDE ET COLONIES	ANGLETERRE	AUTRES PAYS
1874 — 1875	132	81	51	17	—	2	5	9	6	4	8
1875 — 1876	136	74	62	28	3	—	3	7	6	7	8
1876 — 1877	130	70	60	18	3	5	7	7	7	2	11
1877 — 1878	125	79	46	11	3	2	4	4	5	2	15
1878 — 1879	150	107	43	15	2	1	2	4	2	4	13
1879 — 1880	137	81	56	25	3	5	4	4	4	2	9
1880 — 1881	119	76	43	18	2	3	4	1	3	3	9
1881 — 1882	120	79	41	13	3	2	4	2	5	2	10
1882 — 1883	111	67	44	15	1	3	2	4	7	2	10
1883 — 1884	126	74	52	14	2	7	6	1	9	1	12
1884 — 1885	139	81	58	22	1	8	2	—	8	1	16
1885 — 1886	134	79	55	13	3	2	5	—	9	4	19

FRAIS D'ÉTUDES. — Les rétributions scolaires sont de :
100 francs pour le cours préparatoire ;
200 francs par an pour tous les cours de 1re année ;
250 francs par an pour tous les cours de 2º année.
L'Inscription spéciale à un cours est de 30 francs par an.
L'Inscription spéciale au Bureau commercial est de 100 francs par an. Toutefois elle n'est accordée qu'aux élèves inscrits à 4 cours au moins, de la 1re ou de la 2º année d'études.
Enfin, chaque élève paie 25 francs pour droit d'inscription à tous les cours.
Ce droit est réduit à 5 francs par cours pour les élèves inscrits à moins de 5 cours.

BUDGET. — La ville d'Anvers fournit gratuitement à l'École les bâtiments dans lesquels elle est installée, ainsi que le mobilier et l'entretien du matériel. Elle lui donne, en outre, une subvention annuelle de 15,000 francs.
L'État lui accorde annuellement 45.000 francs.
Les rétributions scolaires des élèves sont réparties, comme traitement, entre les membres du Personnel enseignant.

DANEMARK

Académie de Commerce de Grüner, à Copenhague.

(Gruners Handelsakademi.)

L'Académie de Commerce de Copenhague a été fondée, en 1843, par M. le Conseiller de Commerce Grüner, qui lui a donné son nom.

Le régime intérieur de l'Académie est *l'externat*.

ENSEIGNEMENT. — L'ensemble des études comprend trois cours *semestriels*.

Les élèves convenablement préparés peuvent achever leurs études en une seule année.

Le tableau suivant indique les matières enseignées et le nombre d'heures qui leur est consacré par semaine.

MATIÈRES DE L'ENSEIGNEMENT :	NOMBRE D'HEURES PAR SEMAINE POUR CHAQUE COURS Classes		
	I Div⁰ⁿ inf⁽ᵉ	II	III Div⁰ⁿ sup⁽ᵉ
Tenue des livres.	2	2	4
Correspondance commerciale . .	»	»	2
Arithmétique commerciale	7	6	5
Science du commerce.	3	3	3
Droit commercial et maritime.	»	»	3
Géographie commerciale	3	2	»
Histoire du commerce	2	2	2
Statistique.	»	3	»
Économie politique.	»	»	3
Langue danoise	4	3	»
Langue allemande	6	5	5
Langue anglaise	6	5	5
Calligraphie	3	3	2
NOMBRE TOTAL D'HEURES PAR SEMAINE. .	36	34	34
Langue française (facultative)	2	2	»

L'enseignement est donné par 12 professeurs, et les cours sont suivis par 75 élèves environ, âgés de 16 à 26 ans.

FRAIS D'ÉTUDES. — La rétribution scolaire est de 288 couronnes (400 francs environ) par an.

BUDGET. — L'Académie ne reçoit aucune subvention; elle vit de ses propres ressources.

HOLLANDE

L'instruction primaire se donne dans des Écoles publiques sub-
ventionnées par l'État, la Province ou la Commune, et dans des
Écoles privées ayant, pour la plupart, un caractère religieux et
vivant, soit de ressources propres, soit du produit des rétributions
scolaires.

Les institutions particulières qui donnent, en tout ou en partie,
l'instruction des Écoles moyennes de trois ans dont il est question
plus loin, sont néanmoins considérées comme des établissements
primaires.

En 1863, une loi avait fondé, en faveur des classes ouvrières,
des *Écoles moyennes inférieures du soir* et des *Écoles moyennes inférieures du jour,* dans les villes dont la population excédait 10,000
âmes.

Depuis, ces deux types d'Écoles ont presque complètement dis-
paru. En 1883, il ne restait plus d'autres Écoles du jour que celles
de Leeuwarden, d'Amsterdam et de La Haye. Cette dernière a été
supprimée récemment.

Ces établissements étaient en réalité de véritables Écoles industrielles.

11

On y enseignait : *les éléments de la mécanique et de la théorie des machines; la physique; la chimie; l'histoire naturelle; la technologie ou l'agronomie; la géographie; l'histoire; la langue hollandaise; l'économie sociale; le dessin artistique et linéaire et la gymnastique.*

La durée de l'enseignement était de deux ans.

Ces Écoles n'ont généralement pas produit le résultat qu'on en attendait, même dans les grands centres. C'est pour cela qu'elles ont été supprimées presque partout.

Bien que leur programme ne répondît pas aux besoins des jeunes gens qui se destinaient au Commerce, les cours des *Écoles moyennes inférieures* étaient cependant suivis, faute de mieux, par ceux qui désiraient obtenir une place modeste dans une maison de commerce ou dans les Administrations. C'était afin de pourvoir, au moins partiellement, aux besoins de cette catégorie de jeunes gens, que toutes les *Écoles moyennes de jour*, celle d'Amsterdam exceptée, avaient admis dans leur programme les éléments de la langue française ou de la langue allemande.

Aujourd'hui, dans presque toutes les villes, il existe des *Écoles moyennes supérieures* ([1]) qui se divisent en Écoles moyennes supérieures à cours quinquennal, et en Écoles moyennes supérieures à cours triennal, et qui donnent un enseignement préparant plus spécialement aux carrières commerciales. On y apprend, en effet, non seulement les *mathématiques*, les *sciences physiques et naturelles*, la *cosmographie ;* mais encore l'*histoire*, la *géographie*, la *langue et la littérature hollandaises*, les *langues et les littératures étrangères*. On y fait aussi des cours de *droit administratif*, d'*économie sociale*, de *sciences commerciales*, de *tenue des livres*, de *calligraphie* et de *dessin*.

Ces *Écoles moyennes supérieures* attirent à elles la jeunesse des villes où elles sont établies, et celle des communes rurales qui se trouvent à proximité.

Les élèves de ces Écoles sont, en général, externes; quelques-uns cependant sont placés dans des pensions bourgeoises ou dans

---

([1]) Dans les grands centres, il y a jusqu'à trois ou quatre établissements de cette nature.

des pensionnats. L'âge auquel ils sont admis n'est pas fixé par
les règlements; mais il est rare qu'il se présente des enfants au-
dessous de 12 ans possédant les connaissances exigées pour être
reçus, même dans la classe inférieure.

Quelques-uns de ces établissements ont été amenés à former une
classe préparatoire.

Depuis l'année 1864, époque à laquelle ces Écoles ont été fondées,
le nombre des élèves s'est constamment accru; mais il faut aussi
observer que peu d'élèves suivent tous les cours pendant les trois
ou les cinq années qui constituent l'enseignement complet. Un grand
nombre de jeunes gens entrent dans les affaires après avoir fréquenté l'École pendant deux ou trois années seulement.

Si nous nous sommes étendus aussi longuement ur l'organisation
des *Écoles moyennes supérieures,* c'est que ces Écoles instruisent
la grande majorité des jeunes gens qui se destinent aux carrières
commerciales, industrielles et agricoles.

Disons maintenant un mot de ce qui a été essayé en vue de
la création d'un enseignement purement commercial.

Ainsi que nous l'avons fait remarquer plus haut, les Écoles
moyennes supérieures, qui sont de véritables Écoles de Commerce,
ne datent que de l'année 1863; mais bien avant cette époque, on
avait compris la nécessité d'établissements préparant aux carrières industrielles et commerciales : de là plusieurs tentatives qui,
il faut le reconnaître, eurent peu de succès.

En 1842, on créa une Académie d'Ingénieurs civils pour l'Industrie
et pour la *préparation aux carrières commerciales.* Cet établissement s'est ensuite transformé et est devenu l'École Polytechnique
qui, maintenant, forme exclusivement des Ingénieurs. En 1846, on
fonda, à Amsterdam, l'Institut supérieur du Commerce; mais cet
établissement se transforma, en 1851, en une École commerciale
ordinaire à cours triennal, qui fonctionna avec succès pendant
quelques années, et qui disparut ensuite.

En résumé, ce sont surtout les Écoles moyennes supérieures
qui représentent l'enseignement commercial en Hollande, et
nous ajouterons que, dans certaines localités dépourvues de
ces utiles établissements, on a annexé aux Écoles munici-
pales primaires, des cours commerciaux complémentaires. Nous

citerons, comme exemple de cette organisation, l'École commerciale publique d'Amsterdam, l'École de Commerce et d'Industrie d'Enschede et l'École moyenne pour le Commerce et l'Industrie de Harlem.

Quant à l'enseignement commercial supérieur, il n'existe pas en Hollande.

PRINCIPALES ÉCOLES COMMERCIALES HOLLANDAISES

		NOMBRE D'ÉLÈVES
1. **Amsterdam**	École commerciale publique	36
2. **Enschede**	École Twentsche de Commerce et d'Industrie. .	47
3. **Harlem**	École moyenne pour le Commerce et l'Industrie	55
	TOTAL	138

1. — École Commerciale publique d'Amsterdam.

(Openbare Handelsschool.)

L'École commerciale publique d'Amsterdam n'est, en réalité, qu'un cours commercial de 2 années, qui a été annexé, en 1882, à une École bourgeoise supérieure municipale dont elle constitue en quelque sorte le complément.

Le régime intérieur est *l'externat.*

ENSEIGNEMENT. — La durée des études est de 5 ans, et l'enseignement ne devient réellement commercial que dans la IVe et dans la Ve année d'études.

Le tableau suivant indique les matières enseignées et le nombre d'heures qui leur est consacré par semaine :

MATIÈRES DE L'ENSEIGNEMENT :	NOMBRE D'HEURES PAR SEMAINE POUR CHAQUE COURS Années	
	IV Divon inf^{re}	V Divon sup^{re}
Langue hollandaise.	3	3
Langue française.	5	4
Langue allemande	5	5
Langue anglaise	4	4
Géographie commerciale	2	2
Histoire du commerce	2	1
Arithmétique commerciale et algèbre	3	3
Étude des marchandises et chimie commerciale . .	3	3
Économie politique.	2	2
Droit commercial	»	2
Tenue des livres.	2	2
Calligraphie	1	1
NOMBRE TOTAL D'HEURES PAR SEMAINE. .	32	34

Les langues espagnole, italienne et suédoise et la sténographie sont facultatives.

On voit quelle importance a été donnée à l'étude des langues.

On consacre 16 ou 17 heures par semaine à l'ensemble de ces cours, alors que toutes les autres matières sont traitées en 15 ou 16 heures seulement !

L'enseignement des 5 années est donné par 11 professeurs et les cours sont suivis par 110 élèves, dont 74 dans l'École bourgeoise et 36 dans l'École commerciale proprement dite.

Les élèves de l'École commerciale sont ainsi répartis :

	Divon infre	Divon supre	
Années	IV	V	Total
Nombre d'élèves.	24	12	**36**

FRAIS D'ÉTUDES. — La rétribution scolaire est de 360 francs pour chaque année de cours.

BUDGET. — L'École n'a pas de loyer à payer. La Municipalité fournit gratuitement le local, le chauffage et l'éclairage.

2. — École Twentsche de Commerce et d'Industrie d'Enschede.

[Twentsche Industrie en Handelsschool.]

L'École Twentsche de Commerce et d'Industrie d'Enschede a été fondée, en 1864, par l'Association Twentsche pour le développement du Commerce et de l'Industrie de la ville d'Enschede.

Elle reçoit :

8.000 florins (16.480 francs) par an du Gouvernement, et 5.000 florins (10.300 francs) de la Ville.

A partir du 1er septembre 1886, cet établissement appartiendra à la Ville d'Enschede.

Le régime intérieur de l'École est l'externat.

ENSEIGNEMENT. — La durée des études est de 6 ans.

Le tableau suivant indique les matières enseignées et le nombre d'heures qui leur est consacré par semaine :

MATIÈRES DE L'ENSEIGNEMENT :	NOMBRE D'HEURES PAR SEMAINE POUR CHAQUE COURS Classes					
	I Div⁰ⁿ infͬᵉ	II	III	IV	V	VI Div⁰ⁿ supͬᵉ
Algèbre	8	7	8	5	2	»
Outillage, technologie, mécanique . .	»	»	»	»	3	7
Physique	»	»	»	2	2	2
Chimie et technologie.	»	»	»	2	4	4
Connaissance des marchandises . . .	»	»	»	»	»	4
Chimie pratique	»	»	»	»	1	8
Histoire naturelle.	»	1	1	»	2	»
Cosmographie	»	»	»	1	»	»
Organisation des États	»	»	»	1	»	»
Économie politique	»	»	»	»	1	»
Géographie	2	2	2	2	1	»
Histoire	2	2	2	2	»	»
Langue hollandaise.	5	4	3	2	1	»
Langue française.	4	3	3	3	2	»
Langue anglaise	»	3	3	3	4	»
Langue allemande	»	4	4	4	2	»
Tenue des livres et calcul commercial.	»	»	»	2	1	»
Calligraphie	1	»	»	»	»	»
Dessin d'ornement, dessin linéaire, dessin des machines	4	3	3	2	3	5
NOMBRE TOTAL D'HEURES PAR SEMAINE .	26	29	29	31	29	30

L'enseignement est donné par 9 professeurs et les cours sont fréquentés par 47 élèves seulement, répartis de la manière suivante :

	Div⁰ⁿ infͬᵉ				Div⁰ⁿ supͬᵉ		
Classes	I	II	III	IV	V	VI	Total
Nombre d'élèves . .	12	12	10	5	3	5	**47**

L'âge de ces élèves varie de 12 à 20 ans.

FRAIS D'ÉTUDES. — La rétribution scolaire est de 70 florins (144 fr. 20) par an.

BUDGET. — L'École n'a pas de loyer à payer, les bâtiments dans lesquels elle est installée appartenant à la Société Twentsche.

Les dépenses totales annuelles s'élèvent environ à 15.000 florins (30.900 francs).

3. — École moyenne pour le Commerce et l'Industrie de Harlem.

L'École moyenne pour le Commerce et l'Industrie de Harlem a été fondée, en 1880, par la Municipalité.

Le régime intérieur est l'*externat*.

ENSEIGNÉMENT. — La durée des cours est de 3 ans. Le tableau suivant indique les matières enseignées et le nombre d'heures qui leur est consacré par semaine :

MATIÈRES DE L'ENSEIGNEMENT :	NOMBRE D'HEURES PAR SEMAINE POUR CHAQUE COURS Classes		
	III Div^{en} inf^{re}	II	I Div^{on} sup^{re}
Langue hollandaise.	4	3	3
Langue française.	6	3	3
Langue anglaise	»	6	5
Langue allemande	6	4	3
Géographie.	2	2	2
Histoire.	2	2	2
Droit administratif hollandais	»	»	1
Arithmétique.	4	3	3
Algèbre	1	1	1
Géométrie	1	1	1
Tenue des livres, Calligraphie.	1	1	2
Sciences naturelles.	2	3	3
Gymnastique.	1	1	1
Dessin.	2	2	2
NOMBRE TOTAL D'HEURES PAR SEMAINE. . .	32	32	32

L'enseignement est donné par 8 professeurs et les cours sont fréquentés par 55 élèves, répartis de la manière suivante :

	Div^{on} inf^{re}		Div^{on} sup^{re}	
Classes	I	II	III	Total
Nombre d'élèves	22	24	9	55

FRAIS D'ÉTUDES. — La rétribution scolaire est de 60 florins (123 fr. 60) par an, pour chaque classe.

BUDGET. — Les dépenses totales annuelles de l'École s'élèvent environ à 10.900 florins (22.454 francs).

La Municipalité de Harlem fournit gratuitement à l'École le local, le chauffage et l'éclairage.

ITALIE

Le royaume d'Italie, constitué par la réunion de plusieurs États fort différents comme étendue de territoire, comme importance et surtout comme tendances, a éprouvé quelques difficultés pour uniformiser l'instruction publique.

La loi de réorganisation de l'instruction primaire date du mois de novembre 1859; elle a proclamé la gratuité de l'enseignement et a admis deux degrés, savoir :

1° L'instruction primaire du degré inférieur, qui comprend deux années d'études et qui a pour objet l'enseignement de la lecture, de l'écriture, de la langue italienne, de l'arithmétique et du système métrique.

2° L'instruction primaire du degré supérieur, qui comprend également deux années d'études et qui a pour objet l'enseignement des premières notions de littérature, de la calligraphie, de la tenue des livres, de la géographie, de l'histoire nationale, des éléments des sciences physiques et naturelles et de leurs applications aux usages de la vie.

Le programme qui précède est commun aux Écoles de garçons et aux Écoles de filles ; dans les premières, on enseigne, en outre, la géométrie et le dessin linéaire ; dans les secondes, on fait faire aux élèves quelques travaux appropriés à leur sexe.

Les enfants qui sortent des écoles primaires du degré supérieur, à l'âge de 10 ou 11 ans, et qui possèdent une instruction très élémentaire, doivent à ce moment décider de leur carrière.

Ceux qui aspirent aux professions libérales entrent dans les *Gymnases* pour s'y livrer, pendant cinq années, à des études classiques, puis dans les *Lycées* où ils passent trois ans. Ils sortent de ces derniers établissements avec une *licence lycéale,* qui est l'équivalent de notre diplôme de bachelier ès lettres, et peuvent alors suivre les cours des Universités royales ou des Écoles supérieures qui leur donnent accès aux différentes carrières libérales.

Ceux, au contraire, qui se destinent au Commerce, à l'Industrie, à l'Agriculture, et plus généralement aux carrières dites professionnelles, doivent entrer dans les *Écoles techniques.*

On a critiqué, avec raison, le principe même de cette organisation qui oblige les enfants à engager leur avenir à un âge où ils ne peuvent avoir de vocation sérieuse pour une carrière déterminée.

Il en résulte que la majorité des parents, à qui il appartient de décider du sort de leurs enfants, craignant de leur fermer l'accès aux professions libérales, préfèrent les envoyer dans les Gymnases où ils reçoivent une instruction qui ne les prépare nullement à la pratique des affaires. La clientèle des Écoles techniques se trouve ainsi très restreinte et généralement composée de sujets qui ne paraissent pas avoir de grandes aptitudes.

Telles sont les principales causes de l'infériorité de l'enseignement technique en Italie. Il nous a paru utile de les signaler avant de passer à l'examen plus complet de l'organisation de cet enseignement.

Les *Écoles techniques* en sont le premier degré, ainsi que nous l'avons dit plus haut.

Ces Écoles, dont le programme d'études comprend certaines matières relatives au Commerce et à l'Industrie, sont de date récente. Elles ont été créées, au moment de la constitution du royaume d'Italie, dans le but d'améliorer l'état général de ce pays en donnant une vigoureuse impulsion à l'Agriculture, à l'Industrie, au Commerce et à la Navigation.

Ces Écoles, fort nombreuses, sont classées dans l'enseignement secondaire; mais elles ne sont en réalité que des établissements d'enseignement primaire supérieur. Elles appartiennent, les unes à l'État, les autres aux Provinces et aux Communes, mais elles dépendent toutes du Ministère de l'Instruction publique.

La durée des cours est de trois années, et le tableau suivant donne la liste des matières enseignées, ainsi que le nombre d'heures qui leur est consacré par semaine :

MATIÈRES DE L'ENSEIGNEMENT :	NOMBRE D'HEURES PAR SEMAINE POUR CHAQUE COURS Classes		
	I Div^{on} inf^{re}	II	III Div^{on} sup^{re}
Langue italienne.	7	5	5
Histoire et Géographie.	4	4	4
Droits et devoirs du citoyen	»	»	1
Langue française.	»	6	5
Mathématiques.	5	4	3
Comptabilité.	»	»	5
Sciences naturelles.	»	2	3
Dessin	6	4 $\frac{1}{2}$	4 $\frac{1}{2}$
Calligraphie.	3	3	1
NOMBRE TOTAL D'HEURES PAR SEMAINE.	25	28 $\frac{1}{2}$	31 $\frac{1}{2}$

Les Écoles techniques constituent, comme nous le disions plus haut, le premier degré de l'enseignement industriel et commercial.

Les jeunes gens qui sortent de ces écoles à l'âge de 14 ans environ et qui ont satisfait aux examens, reçoivent un diplôme appelé *licence*. Ils peuvent à la rigueur se contenter de ce titre et des connaissances qu'ils ont acquises, et entrer comme employés dans les maisons de commerce ou de banque ; mais beaucoup pensent avec raison qu'il leur est plus avantageux de compléter leur instruction dans les établissements d'enseignement industriel et commercial de degré supérieur.

Ces établissements, appelés *Instituts techniques*, dépendent, comme les précédents, du Ministère de l'Instruction publique et sont classés dans l'enseignement secondaire; ils sont fondés et entretenus soit par l'État, soit par des Associations particulières.

Ainsi, on compte en Italie 41 Instituts techniques du Gouvernement et 35 Instituts techniques privés.

Les élèves *licenciés*, c'est-à-dire diplômés des Écoles techniques, sont admis de droit, sans examen, dans les cours de première année des Instituts techniques; les élèves qui ne remplissent pas cette condition ne sont reçus qu'après examen.

Ces établissements délivrent des diplômes de comptabilité, et la plupart des jeunes gens qui en sortent se destinent au Commerce ou bien concourent pour des emplois dans les banques privées, dans la Banque de Naples, ou encore dans les administrations de l'État.

Il est enfin utile de faire remarquer que les diplômés des Instituts techniques *ont droit au volontariat d'un an dans l'armée italienne.*

Au point de vue de l'enseignement, les Instituts techniques comprennent 5 sections, savoir :

I. Une section de physique et de mathématiques ;
II. — d'arpentage (agrimensura) ;
III. — d'agronomie ;
IV. — *commerciale ;*
V. — industrielle.

Le tableau suivant donne la liste des matières enseignées dans la *Section commerciale,* ainsi que le nombre d'heures consacré chaque semaine aux différents cours :

MATIÈRES DE L'ENSEIGNEMENT	NOMBRE D'HEURES PAR SEMAINE POUR CHAQUE COURS Classes			
	I Div°n inf°e	II	III	IV Div°n sup°e
Langue italienne	6	6	4	4
Langue française	3	3	3	»
Langue allemande ou anglaise	»	5	5	4
Géographie	3	3	3	»
Histoire	3	3	3	»
Mathématiques	6	6	»	»
Physique	»	»	3	3
Éléments de droit	»	»	3	»
Droit privé positif	»	»	»	3
Économie politique. — Statistique	»	»	3	3
Comptabilité. — Tenue des livres	»	»	6	9
Histoire naturelle	»	»	3	3
Chimie générale	»	»	»	3
Dessin	8	6	»	»
Exercices pratiques de chimie générale	»	»	»	4
NOMBRE TOTAL D'HEURES PAR SEMAINE	29	32	36	36

La durée de l'enseignement étant de 4 années, les élèves qui sortent des Instituts techniques ont en moyenne 18 ans.

Les deux genres d'établissements que nous venons d'examiner rendent incontestablement de grands services. L'enseignement éminemment pratique qu'on y donne est accessible, même aux familles peu fortunées, et on peut dire que ces institutions fournissent à l'Industrie, à l'Agriculture et au Commerce la majeure partie de leurs employés.

. Mais si l'on se reporte aux programmes des matières enseignées dans la section commerciale des Instituts techniques, on s'aperçoit qu'ils ne répondent plus entièrement aux besoins de notre époque.

Le développement extraordinaire donné à l'Industrie dans tous les pays du monde entraîne l'extension des opérations commerciales qui deviennent de plus en plus délicates, par suite de la concurrence ; il est donc absolument nécessaire pour les chefs des grandes maisons de Commerce de posséder des connaissances fort étendues, et de s'entourer d'hommes pourvus eux-mêmes d'une instruction spéciale très complète.

Ce sont ces considérations qui ont provoqué en Italie, comme dans les autres pays européens, la création d'un *Enseignement Commercial supérieur.*

Il existe actuellement quatre établissements de ce genre qui méritent une étude particulière.

I. *L'École royale supérieure de Commerce de Venise.*

II. *L'École supérieure d'application des Études Commerciales à Gênes.*

III. *L'École royale de Commerce de Bari.*

IV. *L'École internationale de Commerce de Brescia.*

V. *L'École spéciale de Commerce de Turin* (Établissement privé.)

Nous allons indiquer sommairement le but de ces diverses Écoles, les résultats acquis et les réformes dont une expérience de plusieurs années a démontré l'utilité.

On trouvera plus loin des notices sur chacune d'elles, et des renseignements statistiques qui permettront, d'ailleurs, de se rendre un compte exact des conditions de leur fonctionnement.

L'École royale supérieure de Commerce de Venise, fondée en 1868, prépare les jeunes gens, non seulement aux carrières com-

merciales, mais encore à la carrière consulaire et à l'enseignement.
Elle n'admet que des externes et des auditeurs libres. La durée des
cours varie de 4 à 5 ans. C'est une École qui jouit en Italie d'une
réputation méritée, car l'enseignement qu'on y donne est des plus
complets.

*L'École supérieure d'application des Études Commerciales de
Gênes* n'ouvrira qu'en 1886; elle est fondée par le Ministère de
l'Agriculture, de l'Industrie et du Commerce avec le concours de
la Province, de la Commune de Gênes et de la Chambre de Commerce ; elle est destinée à donner aux jeunes gens une instruction
supérieure commerciale.

Les documents que nous publions permettent d'apprécier l'importance que l'on compte donner à cet établissement, où la durée
des études sera de trois années. Le programme de l'enseignement
paraît fort complet.

L'École royale de Commerce de Bari a été fondée en 1874 par
la Chambre de Commerce et des Arts de cette ville ; elle est classée
dans la catégorie des Instituts techniques professionnels supérieurs.
Il est à remarquer que cet établissement n'a été fréquenté, jusqu'à présent, que par un nombre assez restreint d'élèves. Aussi
a-t-on jugé nécessaire de reviser entièrement les programmes.

Désormais, l'École de Bari formera non seulement des commerçants, mais encore des agents consulaires et des professeurs; elle
se rapprochera ainsi de l'École de Venise. Elle n'admettra, comme
cette dernière, que des externes; les cours dureront trois années et
seront gratuits. L'École sera subventionnée par la Chambre de
Commerce, le Ministère de l'Agriculture, de l'Industrie et du Commerce, la Province, la Ville et la Banque de Bari.

L'École internationale de Commerce de Brescia, fondée, en 1881,
par la Municipalité de Brescia et annexée au Collège Municipal
Peroni, se propose simplement de préparer les jeunes gens à l'École
supérieure de Commerce de Venise. Elle admet des internes et des
externes. Cet établissement est subventionné, comme les précédents,
par l'État.

Enfin, *l'École spéciale de Commerce de Turin* est un établissement privé.

Il résulte de cette étude sommaire de l'enseignement commercial en Italie que le Gouvernement paraît aujourd'hui convaincu de la nécessité de créer un *Enseignement supérieur*. L'État se met à la tête du mouvement qui se manifeste dans ce sens sur tous les points du royaume, et il y est fortement encouragé par les Provinces, les Villes, les Chambres de Commerce et les grands établissements financiers qui lui offrent des subsides souvent importants.

La tendance actuelle est fort remarquable et digne, en tous cas, d'être signalée ; les projets élaborés par le Gouvernement pour arriver à constituer un enseignement supérieur *officiel* témoignent d'une certaine hauteur de vues.

Il est probable que, dans quelques années, ces projets auront été mis à exécution.

PRINCIPALES ÉCOLES COMMERCIALES ITALIENNES

		NOMBRE D'ÉLÈVES
1 **Bari**	École royale de Commerce	(en réorganisation).
2 **Brescia**	École internationale de Commerce.	120
3 **Gênes**	École supérieure d'application des Études Commerciales.	(pas ouverte).
4 **Turin**	École spéciale de Commerce.	72
5 **Venise**	École royale supérieure de Commerce.	102
	Total.	294

1. — École de Commerce de Bari.

(R. Scuola di Commercio con Banco modello in Bari.)

L'École royale de Commerce de Bari a été fondée, en 1874, par la Chambre de Commerce et des Arts. Elle est classée dans la série des Instituts techniques professionnels supérieurs.

Depuis sa fondation, cette École n'a été fréquentée que par un nombre d'élèves assez restreint. Une Commission spéciale étudie, en ce moment, la réforme des programmes, et c'est seulement dans le courant de l'année 1886 que ces nouveaux programmes seront mis en vigueur.

L'École aura pour but de former des commerçants, des agents consulaires et des professeurs de langues étrangères, de droit et d'économie politique. L'École reçoit annuellement les subventions suivantes :

De la Chambre de Commerce	L. 40.000	(40.000 fr.)
Du Ministère de l'Agriculture, de l'Industrie et du Commerce	L. 20.000	(40.000 fr.)
De la Province.	L. 12.000	(12.000 fr.)
De la Ville de Bari.	L. 6.000	(6.000 fr.)
De la Banque de Naples.	L. 6.000	(6.000 fr.)
Total.	L. 84.000	(84.000 fr.)

L'École admet des Élèves réguliers et des auditeurs libres.

Des bourses de 2 ans sont accordées aux meilleurs élèves pour leur permettre de terminer leurs études à l'étranger.

Le régime intérieur de l'École est *l'externat*.

ENSEIGNEMENT. — L'enseignement de l'École est donné en 3 ans, et la 1re année peut être considérée comme une année préparatoire.

Pour être admis dans le cours préparatoire, il faut être âgé de 16 ans et subir un examen sur la Langue italienne, la Langue française, l'Arithmétique, l'Algèbre élémentaire (1er et 2e degrés), les notions générales de la Tenue des livres, de la Géographie et de l'Histoire ancienne et moderne. Les jeunes gens munis du certificat de passage dans le IIIe cours des Instituts techniques (section de Comptabilité) sont dispensés de cet examen. Ceux qui sont munis du diplôme de sortie d'un collège sont dispensés des examens d'Italien, d'Histoire et de Géographie.

Pour entrer dans la IIe classe, il faut subir un examen sur les matières du 1er cours (année préparatoire) ou être muni d'un diplôme de sortie d'un Institut ou d'un Lycée.

Les matières qui forment l'enseignement de l'École royale sont les suivantes :

PREMIÈRE ANNÉE. (Cours préparatoire.) *Littérature italienne; histoire et géographie; littérature française* (obligatoire); *langue anglaise* ou *allemande* (au choix); *notions générales de droit civil; calcul commercial; comptabilité; chimie appliquée au Commerce; calligraphie.*

DEUXIÈME ANNÉE. *Littérature italienne; langue française* (obligatoire); *langue anglaise* ou *allemande* (au choix); *calcul commercial et de banque; législation commerciale comparée; principes généraux d'économie politique; histoire et géographie du Commerce; chimie, étude des marchandises; perfectionnement dans la tenue des livres et dans la correspondance en quatre langues; institutions pratiques du commerce; banque avec exercices spéciaux; calligraphie.*

TROISIÈME ANNÉE. *Littérature italienne; langue française* (obligatoire); *langue anglaise* ou *allemande* (au choix); *calcul com-*

12

*mercial et de banque; comptabilité; législation commerciale com-
parée; économie appliquée à l'Industrie; principes de statistique;
droit international; législation douanière; histoire et géographie
commerciales; chimie, étude des marchandises; banque avec exercices pratiques dans les langues étrangères.*

FRAIS D'ÉTUDES. — Les cours de l'École sont *gratuits.*

BUDGET. — La Municipalité de Bari fournit gratuitement à
l'École le local, le chauffage et l'éclairage.

2. — École internationale de Commerce de Brescia annexée au Collège Municipal Peroni.

(Scuola internazionale di Commercio e il Convitto Municipale Peroni.)

L'École internationale de Commerce de Brescia, annexée au
Collège Municipal Peroni, a été fondée, en 1881, par la Municipalité de Brescia, qui s'est proposé de créer un enseignement
commercial pratique exigeant peu d'années d'études et permettant aux jeunes gens de se préparer à l'École supérieure de Commerce de Venise ou d'entrer directement dans les affaires.

Cet établissement parait être bien organisé sous tous les rapports.

L'étude des langues étrangères y est faite avec un soin par-
ticulier. Des maîtres surveillants attachés à l'établissement parlent
l'anglais, le français, l'allemand et s'entretiennent fréquemment
avec les élèves.

L'École possède un Musée de Marchandises et une Bibliothèque.

Le Ministère de l'Agriculture, de l'Industrie et du Commerce,
la Chambre de Commerce et la Députation provinciale accordent
des subventions annuelles à cet établissement, où l'on reçoit
des *internes* et des *externes.*

ENSEIGNEMENT. — Les cours comprennent deux années d'études préparatoires et quatre années d'études normales. Les élèves
subissent des examens : 1° pour l'admission; 2° pour le passage
d'une classe dans une autre; 3° à la fin de la quatrième année

d'études normales pour l'obtention du diplôme de Licence (di Licenza). Le tableau suivant indique les matières enseignées et le nombre d'heures qui leur est consacré par semaine :

MATIÈRES DE L'ENSEIGNEMENT	NOMBRE D'HEURES PAR SEMAINE POUR CHAQUE COURS					
	COURS PRÉPARATOIRE		ÉCOLE COMMERCIALE ANNÉES			
	Div⁼ inf⁼ 4ᵉ CLASSE élémentaire	Div⁼ sup⁼	I Div⁼ inf⁼	II	III	IV Div⁼ sup⁼
Langue italienne	»	6	5	3	2	2
Langue française (Grammaire, Étude des mots, etc.) . . .	5	5}10	4}7	2}5	2}4	1}2
Conversation française. . . .	»	5}	3}	3}	2}	1}
Langue allemande(Grammaire, Étude des mots, etc.) . . .	»	3	4}8	5}10	3}7	2}5
Conversation allemande . . .	»	»	4}	5}	4}	3}
Langue anglaise (Grammaire, Étude des mots, etc.) . . .	»	»	»	4	4}8	4}10
Conversation anglaise. . . .	»	»	»	»	4}	6}
Arithmétique raisonnée et algèbre élémentaire.	»	5	3	2	2	»
Arithmétique commerciale. .	»	»	3	3	2	1
Comptabilité	»	»	3	3	2	2
Pratique commerciale (Banque modèle)	»	»	»	»	4	6
Histoire et Géographie commerciales.	2	3	2	2	1	1
Morale.	»	2	2	2	»	»
Sciences physiques et naturelles. Étude des marchandises.	»	1	2	2	2	2
Droit civil et commercial. .	»	»	»	»	3	2
Notions générales d'Économie politique	»	»	»	»	2	3
Calligraphie.	»	3	2	1	»	»
Dessin industriel	3	3	2	2	2	2
Gymnastique, Natation, Tir à la cible. Exercices militaires	3	3	3	3	2	2
Matières enseignées dans la 4ᵉ classe élémentaire . . .	23	»	»	»	»	»
NOMBRE TOTAL D'HEURES PAR SEMAINE	36	39	42	42	43	40

L'enseignement est donné par 20 professeurs, et les cours sont suivis par 120 élèves, répartis de la manière suivante :

COURS PRÉPARATOIRE		ÉCOLE COMMERCIALE ANNÉES				
Div⁰ⁿ infᵉ 4ᵉ Classe élémentaire	Divⁿ supᵉ	I Div⁰ˢ infᶜᵉ	II	III	IV Divⁿ supᵉ	Total
21	31	34	19	8	7	**120**

FRAIS D'ÉTUDES. — Le prix de la pension pour les élèves internes (y compris l'enseignement) est de L. 800 (800 fr.) par an; L. 650 (650 fr.) par an, pour les demi-pensionnaires; L. 150 (150 fr.) par an, pour les élèves externes.

Les élèves internes paient, en outre, une somme de 100 L. environ pour frais divers.

BUDGET. — Les rétributions scolaires couvrent à peu près les dépenses annuelles, et la Municipalité de Brescia fournit gratuitement à l'École le local, le chauffage et l'éclairage.

3. — École supérieure d'application des Études commerciales de Gênes.

(R. Scuola superiore di applicazione per gli studi commerciali in Genova)

La fondation de l'École supérieure d'application des Études commerciales de Gênes a été votée en 1883, mais l'École n'ouvrira qu'au mois de novembre 1886.

Nous donnons ci-dessous quelques extraits du projet des statuts :

ARTICLE PREMIER. — Il est fondé à Gênes, par le Ministère de l'Agriculture, de l'Industrie et du Commerce, par la Province de Gênes, par la Commune et la Chambre de Commerce de Gênes, une École supérieure d'application des Études commerciales qui a pour but de donner aux jeunes gens une instruction supérieure commerciale, théorique et pratique.

ART. 2. — L'École recevra les subventions suivantes :

Du Ministère de l'Agriculture, de l'Industrie et du Commerce . . . .'	L. 20.000	'(20.000 fr.)
De la Province de Gènes	L. 20.000	(20.000 fr.)
De la Commune de Gènes	L. 20.000	(20.000 fr)
De la Chambre de Commerce de Génes	L. 20.000	(20.000 fr.)

Art. 3. — L'École est dirigée et administrée par un Conseil composé de 10 membres, choisis de la manière suivante :

2 membres sont nommés par le Ministère de l'Agriculture, de l'Industrie et du Commerce;

2 membres sont choisis par la Députation de la Province;

2 membres sont élus par la Municipalité de Gênes ;

3 membres sont élus par la Chambre de Commerce de Gênes.

Enfin, à ces 9 membres, vient s'ajouter le Directeur de l'École qui a voix délibérative.

Art. 4, 5, 6. — (Dispositions intérieures.)

Art. 7. — L'enseignement dure 3 ans. Les matières enseignées sont les suivantes :

PREMIÈRE ANNÉE

Technologie commerciale.

1° *Mathématiques appliquées au Commerce.* — Intérêts — Escompte — Comptes courants — Change — Opérations de Bourse — Annuités — Probabilités appliquées aux assurances, aux loteries, aux caisses d'épargne.

2° *Comptabilité, Calculs, Institutions commerciales avec Banque.* Comptes courants — Établissements des affaires commerciales appliquées aux différentes branches de transport et de l'industrie — Navigation — Bourses — Assurances.

3° *Marchandises.* — Sciences physiques et chimiques appliquées au Commerce, à la connaissance des matières premières et aux falsifications.

DEUXIÈME ANNÉE

Sciences économiques et juridiques.

4° *Economie industrielle et commerciale. Statistique. Science des finances.* — La grande industrie. Les machines. Les transports.

La monnaie. Le crédit. La banque. Les établissements commerciaux. Les ports. Les chemins de fer et les docks, etc. Les tarifs. Les colonies. L'émigration. La liberté du commerce. Les douanes. Les institutions de prévoyance et de bienfaisance. Éléments de statistique commerciale. Importations. Exportations. Le crédit public. Les services publics. Le domaine public et fiscal. L'impôt direct ou indirect et les monopoles.

5° *Droit.* — Principes généraux du droit civil relatifs au Commerce. Droit commercial et maritime, en tenant compte de la législation consulaire, douanière, fiscale, et le droit international en matière de commerce et de navigation. Principes de procédure et Droit administratif.

6° *Géographie commerciale.* — *Traités de Commerce et de Navigation.* — Produits. Commerce des différents États de l'Europe. Asie. Afrique. Amérique et Océanie. Traités de Commerce et de Navigation avec les autres nations.

TROISIÈME ANNÉE

Culture littéraire et philologie.

7° *Lettres italiennes.* — Préceptes, exemples et exercices sur la correspondance commerciale. Rapports.

8° *Langues étrangères.* — Français, Anglais, Italien, Allemand, Espagnol, Arabe. — Sont obligatoires : les langues française, anglaise et allemande. Ceux qui étudient l'arabe, seront dispensés, à leur choix, de l'étude de l'anglais ou de l'allemand.

ART. 8. — Sont admis dans la première année de l'École, et sans examen, les jeunes gens qui ont obtenu la *licence* (diplôme) de la section du Commerce et de Comptabilité d'un Institut technique.

Ceux qui sont munis, soit de la licence d'une autre section d'une Institut technique, soit de la licence d'un Institut nautique, soit enfin de la licence d'un Lycée, sont admis en première année. après avoir subi un examen sur certaines matières spéciales qui seront déterminées par le Règlement.

Les jeunes gens qui ont obtenu dans une École étrangère un diplôme correspondant à la licence de l'École technique, pour la section du Commerce et de la Comptabilité, peuvent également être admis à l'École après avoir subi un examen sur la langue italienne.

Les élèves qui ne remplissent pas ces conditions passent un examen d'entrée qui porte sur les matières suivantes :

Littérature italienne ;

Géographie physique et politique ;

Arithmétique ;

Algèbre, jusqu'aux équations du 2e degré inclusivement ;

Résumé d'Histoire naturelle ;

Éléments de Physique, Histoire naturelle, Chimie appliquée à l'Industrie et au Commerce ;

Éléments de Comptabilité et Calcul ;

Éléments d'Économie politique et de Statistique ;

Éléments généraux de Droit civil et commercial ;

Langue française.

Enfin, pour être inscrit à l'École, il faut avoir 16 ans accomplis.

ART. 9, 10, 11 et 12. — (Dispositions intérieures.)

ART. 13. — Il sera prélevé, sur le bilan de l'École, la somme nécessaire pour créer des bourses en faveur des meilleurs élèves qui voudront apprendre le Commerce ou une langue étrangère dans une des principales places de Commerce de l'Allemagne, de l'Angleterre, de l'Amérique, de l'Asie et de l'Australie.

Ces bourses seront de L. 2.500 (2.500 fr.) par an et accordées pour 3 ans.

ART. 14 à 56. — (Dispositions intérieures.)

ART. 57. — Les traitements des professeurs seront établis conformément au tableau suivant :

Mathématiques appliquées au Commerce. . . . L.	3.000	(3.000 fr.)
Comptabilité ; Calcul ; Institutions commerciales. L.	3.000	(3.000 fr.)
Banque (deux professeurs) . . . . L.	8.000	(8.000 fr.)
Marchandises. . . . . L.	5.000	(5.000 fr.)
Économie politique. . . . . L.	3.000	(3.000 fr.)
Droit. . . . . L.	3.000	(3.000 fr.)
Géographie commerciale et Traités de Commerce L.	2.500	(2.500 fr.)

A reporter 27.500

	Report . . .	27.500	
Langue italienne	L.	1.500	(1.500 fr.)
Langue française	L.	2.000	(2.000 fr.)
Langue anglaise	L.	2.500	(2.500 fr.)
Langue allemande.	L.	3.000	(3.000 fr.)
Langue espagnole.	L.	2.000	(2.000 fr.)
Langue arabe.	L.	3.000	(3.000 fr.)

Total . . . . L. **41.500**

ART. 58 à 95. — (Dispositions intérieures.)

ART. 96. — Les rétributions scolaires sont de :

L. 100 par an, pour l'ensemble des cours de chaque division;
   15 par an, pour chaque cours (auditeurs libres);
   50 par an, pour droits d'inscription;
    5 pour un certificat de fréquentation à un cours;
   50 pour un certificat de fréquentation à tous les cours;
 100 pour le diplôme de licence.

ART. 97 à 101. — (Dispositions intérieures.)

ART. 102. — L'École sera pourvue : .

1° D'un Musée de Marchandises ;
2° D'un Laboratoire de chimie commerciale ;
3° D'une Bibliothèque.

4. — École spéciale de Commerce de Turin.

(Scuola speciale di Commercio.)

L'École spéciale de Commerce de Turin a été fondée, en 1850, sur l'initiative de M. le comte C. de Cavour, alors Ministre du Commerce. Depuis cette époque, elle est dirigée par M. Jean-Joseph Garnier, ancien élève de l'École supérieure de Commerce de Paris, qui en est propriétaire.

Le diplôme de sortie ne donne pas droit au volontariat, mais il est pris en sérieuse considération par MM. les Membres des Commissions d'examen.

Le régime intérieur est l'*externat*.

ENSEIGNEMENT. — La durée des études est de deux ans. Pour être admis, il faut avoir 13 ans au moins et être muni de la *licence* d'un Gymnase ou d'une École technique. Les candidats qui ne remplissent pas cette dernière condition ne sont admis qu'à la suite d'un examen.

Les matières enseignées à l'École sont les suivantes :

Langue italienne; langue française; langue anglaise; langue allemande; correspondance dans ces différentes langues ; *arithmétique; opérations de banque et de commerce; comptabilité complète; droit; histoire; géographie; économie politique ; étude des marchandises* et *calligraphie.*

Il est consacré 25 heures par semaine, dans chaque année d'études, à l'ensemble de ces matières.

L'enseignement est donné, par 10 professeurs et le nombre des élèves qui fréquentent l'École est de 72, répartis comme suit :

1re année (élèves réguliers) 15	
2e — (élèves réguliers) 22	72
Cours du soir (employés) 15	
Auditeurs libres 20	

FRAIS D'ÉTUDES. — La rétribution scolaire est de 360 francs pour 9 mois d'études.

BUDGET. — L'École ne reçoit aucune subvention, elle vit de ses propres ressources.

Le loyer est de 2,000 francs par an, et les frais d'enseignement s'élèvent environ à 10.000 francs, non compris le traitement du Directeur.

5. — École royale supérieure de Commerce de Venise.

(R. Scuola superiore di commercio in Venezia.)

L'École royale supérieure de Commerce de Venise, dirigée par M. le Sénateur François Ferrara, a été fondée en 1868 sur l'initiative de MM. Édouard Deodati et Louis Luzzati, par le Conse provincial, le Conseil, municipal, la Chambre de Commerce Venise, et avec le concours du Gouvernement.

Cette École comprend les classes suivantes :

I. *Classe pour les jeunes gens qui se préparent aux carrières commerciales.*

II. *Classe pour les jeunes gens qui se préparent à la carrière consulaire.*

III. *Classe pour les jeunes gens qui se destinent à l'Enseignement de la Comptabilité, de l'Économie politique, du Droit, de la Statistique et à celui des langues étrangères.* (Classes magistrales.)

L'École reçoit les subventions suivantes :

1° De la Province de Venise. . . . L. 40.000 par an,
2° De la ville de Venise. . . . . . L. 10.000 par an,
3° De la Chambre de Commerce de
　　Venise . . . . L. 5.000 par an,
4° Du Gouvernement italien. . . . L. 25.000 par an, (subvention minima).

L'École possède un très beau musée de marchandises, un laboratoire de physique et de chimie et une bibliothèque qui lui ont été offerts par la Municipalité et la Province de Venise.

Elle est installée dans le Palais Foscari (Ca Foscari) dont l'usage lui a été concédé gracieusement par la Municipalité de Vénise.

L'École admet des élèves réguliers et des auditeurs libres.

Le régime intérieur est l'*externat*.

ENSEIGNEMENT. — La durée des cours varie de 3 à 5 ans. conformément au tableau suivant :

Classe commerciale . . . . durée des cours : 3 ans.
Classe consulaire. . . . . durée des cours : 5 ans.
Classe des aspirants au grade de Professeur :
　　Pour l'enseignement du droit, de l'économie poli-
　　tique et de la statistique. . . . . durée des cours : 5 ans.
　　Pour l'étude des marchandises . . . . durée des cours : 4 ans.
　　Pour la comptabilité . . . . durée des cours : 4 ans.
　　Pour les langues française, anglaise et allemande
　　(au choix). . . . . durée des cours : 5 ans.

On admet directement en première année, et sans examen, les élèves munis d'un diplôme de sortie d'un Institut technique ou d'un diplôme étranger équivalent. Les jeunes gens qui ne remplissent pas cette condition doivent avoir 16 ans accomplis et subir un examen sur : la langue et la littérature italiennes, la géographie, l'histoire, l'arithmétique, l'algèbre, la physique et l'histoire naturelle, la langue française, la comptabilité et la calligraphie.

On peut être admis directement dans la deuxième année, à la condition d'avoir 17 ans accomplis et] de subir un examen sur les matières du programme de première année.

Le tableau suivant indique les matières enseignées.

MATIÈRES DE L'ENSEIGNEMENT	1re ANNÉE		IIe ANNÉE CLASSES POUR LA FORMATION DES PROFESSEURS DE							Xe ANNÉE CLASSES POUR LA FORMATION DES PROFESSEURS DE						IVe ANNÉE CLASSES POUR LA FORMATION DES PROFESSEURS DE						Ve ANNÉE CLASSES DES PROFESSEURS		

Nota. — Le signe ✤ placé dans une colonne indique que le cours fonctionne dans la classe mentionnée en haut de cette colonne.

Matière	Cours commercial	Cours pour la formation des professeurs de français, anglais, allemand	Cours commercial	Classe commerciale	Droit, Économie politique, Statistique	Marchandises	Comptabilité	Langues française, anglaise, allemande	Classe commerciale	Droit, Économie politique, Statistique	Marchandises	Comptabilité	Langues française, anglaise, allemande	Classe commerciale	Droit, Économie politique, Statistique	Marchandises	Comptabilité	Langues française, anglaise, allemande	Classe commerciale	Droit, Économie politique, Statistique	Langues française, anglaise, allemande
Littérature italienne			✤	✤	✤	✤	✤	✤	✤	✤	✤	✤	✤								
Langue française	✤	✤	✤	✤	✤	✤	✤	✤	✤	✤	✤	✤	✤	✤							
Langue allemande	✤	✤	✤	✤	✤	✤	✤	✤	✤	✤	✤	✤	✤	✤							
Langue anglaise	✤	✤	✤	✤	✤	✤	✤	✤	✤	✤	✤	✤	✤	✤							
Introduction à l'Étude des Marchandises	✤								✤												
Étude des Marchandises			✤	✤	✤	✤			✤	✤	✤										
Notions de Droit civil			✤	✤	✤				✤	✤				✤	✤						
Droit commercial et industriel			✤	✤	✤																
Droit commercial et maritime									✤	✤	✤	✤			✤						
Histoire du commerce									✤	✤	✤										
Histoire politique														✤	✤				✤	✤	
Histoire diplomatique																			✤	✤	
Géographie et Statistique commerciale	✤		✤	✤	✤	✤			✤	✤	✤			✤	✤				✤	✤	
Statistique théorique									✤	✤				✤	✤						
Économie politique									✤	✤				✤	✤						
Institutions du commerce	✤		✤	✤	✤				✤			✤									
Comptabilité	✤		✤				✤		✤			✤				✤					
Bureau commercial			✤				✤		✤												
Calcul commercial	✤		✤				✤		✤												
Algèbre	✤																				
Droit international, privé et public														✤	✤				✤	✤	
Droit pénal														✤	✤				✤	✤	
Droit constitutionnel														✤	✤				✤	✤	
Procédure judiciaire																			✤	✤	
Calligraphie	✤		✤				✤		✤												
Langues facultatives: { Arabe. / Grecque moderne / Japonaise / Roumaine / Espagnole																					

(1) À la fin de la IIe année, les élèves de la Classe commerciale reçoivent leur certificat de cours accompli.
(2) À la fin de la IVe année, les élèves de la Classe des Marchandises (Professeurs) reçoivent leur certificat de cours accompli.
(3) À la fin de la IVe année, les élèves de la Classe de Comptabilité (Professeurs), reçoivent leur certificat ... l'Économie politique et la Statistique, reçoivent leur certificat de cours accompli.
(4) À la fin de la Ve année, les élèves de la Classe commerciale et ceux qui se préparent au Professorat pour ... chargés à donner des leçons dans la langue qu'ils ont choisie. À la fin de cette Ve année d'études, les élèves des
(5) Les élèves qui se préparent au Professorat pour les Langues française, anglaise ou allemande (au choix), ...
trois Classes reçoivent leur certificat de cours accompli.

En outre du certificat de cours accompli, les élèves des Classes pour la formation des Professeurs peuvent ... venir, à la suite d'un examen spécial, un diplôme d'aptitude à l'enseignement, moyennant une rétribution de ... francs.

L'enseignement est donné par 18 professeurs, et les cours de l'année scolaire 1884-1885 ont été suivis par 102 élèves, ainsi répartis :

CLASSES	Ire ANNÉE		IIe ANNÉE		IIIe ANNÉE		IVe ANNÉE		Ve ANNÉE		TOTAL	
	AUDITEURS	ÉLÈVES	AUDITEURS	ÉLÈVES	AUDITEURS	ÉLÈVES	AUDITEURS	ÉLÈVES	AUDITEURS	ÉLÈVES	AUDITEURS	ÉLÈVES
Cours préparatoire (Enseignement général)	10	21	»	»	»	»	»	»	»	»	10	21
Cours commercial	»	»	»	5	»	9	»	»	»	»	»	14
Cours magistral (Formation des professeurs)	»	»	»	»	»	»	»	»	»	»	»	»
Cours d'Économie politique, de Statistique et de Droit	»	»	1	2	1	6	»	2	»	5	2	15
Cours de Comptabilité	»	»	»	8	»	5	»	3	»	»	»	16
Cours de langues étrangères	1	1	»	2	»	1	»	1	»	»	1	5
Cours Consulaire	»	»	2	6	»	2	»	3	1	3	3	14
Auditeurs pour des Cours divers	»	»	1	»	»	»	»	»	»	»	1	»
	11	22	4	23	1	23	»	9	1	8	17	85
TOTAL	102 élèves.										102	

RÉCAPITULATION DES EFFECTIFS

Années	Ire	IIe	IIIe	IVe	Ve	Total.
Élèves	33	27	24	9	9	**102**

FRAIS D'ÉTUDES. — La rétribution scolaire est de L. 100 (100 fr.) par an pour chaque cours. Les élèves paient, en outre, un droit fixe d'entrée de L. 25 (25 fr.).

Les auditeurs libres paient L. 15 (15 fr.) par cours et par an, en première année, et L. 10 (10 fr.) seulement pour les années suivantes.

BUDGET. — L'École n'a pas de loyer à payer, les bâtiments dans lesquels elle est installée appartenant à la Municipalité de Venise.

Les rétributions scolaires et les subsides accordés à l'École permettent de couvrir les dépenses annuelles.

ROUMANIE

Il y a en Roumanie *cinq* Écoles de Commerce, situées : à *Bukarest*, à *Craïova*, à *Galatz*, à *Jassy* et à *Ploiesti*.

Ces Écoles appartiennent à l'État et ont été conçues sur le même plan. Elles présentent ce caractère spécial que l'enseignement y est donné *gratuitement*. Un certain nombre d'élèves dont les ressources sont insuffisantes reçoivent même une allocation mensuelle de 40 francs. Nous ne trouvons, en France, que l'École de Physique et de Chimie de Paris où une pareille mesure soit mise en vigueur.

Les appointements des professeurs varient de 300 à 360 francs par mois, suivant la nature des cours, avec une augmentation de 15 0/0 tous les 5 ans. Au bout de 20 ans, les appointements sont augmentés de 60 0/0, et représentent le traitement maximum.

Les vacances se répartissent ainsi : 2 mois aux grandes vacances (juillet, août); 28 jours à la fête de Noël et 15 jours à Pâques.

Il y a deux examens par an : l'un en janvier, l'autre en juin. Les notes de ces deux examens, combinées avec celles qui ont été obtenues chaque mois, servent au passage d'une classe dans la classe supérieure.

Aux mois de septembre et de mai, des examens ont lieu pour l'obtention du diplôme de capacité ès sciences commerciales. L'École est ouverte à toutes les nationalités et à tous les cultes.

MM. les professeurs ont constaté que les Écoles actuelles ne répondaient pas au but qu'on s'était proposé : former rapidement de bons employés de Commerce. La durée des études est trop longue et les programmes sont trop chargés.

Pour obvier à cet inconvénient grave, le Gouvernement roumain a décidé de modifier l'organisation de ses Écoles de Commerce. Elles seront divisées en 2 catégories :

I. École du premier degré, dont la durée des études variera de 3 à 4 ans.

II. École supérieure pour les élèves sortant des Écoles du premier degré. La durée des études sera de 2 à 3 ans.

PRINCIPALES ÉCOLES COMMERCIALES ROUMAINES

		NOMBRE D'ÉLÈVES
1 **Bukarest**.	École publique de Commerce	364
2 **Craïova**.	École publique de Commerce	157
3 **Galatz**.	École publique de Commerce	114
4 **Jassy**.	École publique de Commerce	131
5 **Ploiesti**.	École communale de Commerce	103
	Total	**869**

1. — École publique de Commerce de Bukarest.

(Scoala publicǎ de comcrt, din Bucuresti.)

L'École publique de Commerce de Bukarest a été créée en 1864.

Le diplôme de sortie donne droit au volontariat d'un an dans l'armée roumaine.

Le personnel des professeurs y est remarquable ; plusieurs d'entre eux appartiennent à la faculté des Lettres, à la faculté de Droit, à la faculté de Théologie, à la Chambre des Députés, etc., etc.

Les bâtiments de l'École comprennent :

1° 5 salles d'étude, munies chacune d'un matériel très complet de globes et de cartes géographiques ;

2° Une bibliothèque qui contient plus de 700 volumes ;

3° Un musée de marchandises ;

4° Un cabinet de Physique ;

5° Un laboratoire de Chimie très complet.

Le régime intérieur de l'École est l'*externat*.

ENSEIGNEMENT. — La durée des cours est de cinq ans.

Les matières enseignées sont les suivantes :

La comptabilité: l'étude des marchandises; les mathématiques (arithmétique, géométrie et algèbre) ; *l'économie politique; l'histoire générale; l'histoire du commerce; la géographie commerciale; le droit commercial; le droit administratif; la chimie: la physique; la technologie; les sciences naturelles; la langue roumaine; la langue française; la langue allemande; la langue italienne; la langue grecque; la calligraphie; le dessin; les premières notions d'hygiène.*

L'enseignement est donné par 14 professeurs, et les cours sont suivis par 364 élèves, répartis de la manière suivante :

	Div** inf**							
						Div** sup**		
Classes..........	Ia	Ib	IIa	IIb	III	IV	V	TOTAL
Nombre d'élèves......	43	82	34	69	67	45	24	364

L'âge de ces élèves varie de 12 à 19 ans. Presque tous se placent dans les maisons de banque ou de commerce de Buka-rest, et les meilleurs sujets entrent, en général, à la Banque Na-tionale.

FRAIS D'ÉTUDES. — L'enseignement est *gratuit.*

BUDGET. = Le budget total de l'École est de 60,000 francs en-viron, y compris les traitements des professeurs qui varient de 2,500 francs à 4,400 francs et dont le montant dépasse 55,000 fr.

La Municipalité fournit gratuitement à l'École le local, le chauf-fage et l'éclairage.

2. — École publique de Commerce de Craïova.

L'École publique de Commerce de Craïova a été fondée en 1867.

Le diplôme de sortie donne droit au volontariat d'un an dans l'armée roumaine.

Le régime intérieur de l'École est *l'externat.*

ENSEIGNEMENT. — La durée des études est de 5 ans.

Pour être admis dans l'École, il faut avoir terminé les 4 classes de l'enseignement primaire.

Les matières enseignées sont les suivantes :

Langue roumaine; langue française; langue italienne; langue allemande; langue grecque moderne; comptabilité; étude des mar-chandises; mathématiques; physique; chimie; histoire; géogra-phie; droit commercial; droit administratif; économie politique et financière; hygiène; calligraphie.

L'enseignement est donné par 13 professeurs, et les cours sont suivis par 157 élèves, répartis de la manière suivante :

Classes	Div⁰ⁿ infʳᵉ			Div⁰ⁿ supʳᵉ		
Classes	I	II	III	IV	V	TOTAL
Nombre d'élèves.	60	40	80	15	12	157

FRAIS D'ÉTUDES. — L'enseignement est *gratuit*.

BUDGET. — Le budget total annuel de l'École est de 50,000 fr. environ.

La Municipalité fournit gratuitement à l'École le local, le chauffage et l'éclairage.

3. — École publique de Commerce de Galatz.

L'École publique de Commerce de Galatz a été fondée, en 1864. par le prince Couza; elle appartient à l'État.

Le diplôme de sortie donne droit au volontariat d'un an dans l'armée roumaine.

Le régime intérieur de l'École est *l'externat*.

ENSEIGNEMENT. — La durée des études est de 5 ans.

Pour entrer dans la 1ᵉ classe (division inférieure), il faut être muni du certificat des classes primaires.

Les matières enseignées sont les suivantes :

CLASSE I. — *Calcul commercial; histoire; géographie; arithmétique; langue roumaine; langue française; calligraphie; dessin.*

CLASSE II. — *Comptabilité; histoire; géographie; arithmétique; physique et chimie; manipulations; étude des marchandises; langue roumaine; langue française; langue grecque moderne.*

CLASSE III et IV. —*Comptabilité; étude des marchandises; droit commercial; physique et chimie; mathématiques; langue roumaine; langue française; langue grecque moderne; langue italienne.*

CLASSE V. — *Comptabilité; étude des marchandises; droit commercial; physique et chimie; mathématiques: langue roumaine; langue française; langue grecque moderne; langue italienne; économie politique.*

L'enseignement est donné par 14 professeurs, et les cours sont fréquentés par 114 élèves, répartis de la manière suivante:

Classes.	Div⁰ⁿ infʳᵉ			Div⁰ⁿ supʳᵉ		
Classes.	I	II	III	IV	V	Total
Nombre d'élèves.	53	23	20	10	8	114

L'âge de ces élèves varie de 13 à 21 ans.

FRAIS D'ÉTUDES. — L'enseignement est *gratuit*.

BUDGET. — Le Gouvernement prend à sa charge le traitement des professeurs. La Commune de Galatz fournit gratuitement à l'École le local et le matériel, le chauffage et l'éclairage.

Le budget total s'élève à 46,000 francs environ, par an. 40,000 francs sont fournis par le Gouvernement et 6,000 francs par la Commune.

4. — École publique de Commerce de Jassy.

L'École publique de Commerce de Jassy a été fondée en 1880.

Le diplôme de sortie donne droit au volontariat d'un an dans l'armée roumaine.

Le régime intérieur de l'École est l'*externat*.

ENSEIGNEMENT. — La durée des études est de 5 ans.

Pour entrer dans la Iʳᵉ classe (Divᵒⁿ infʳᵉ), il faut posséder le certificat des 4 classes primaires et être âgé de 12 ans environ.

Le tableau suivant indique les matières enseignées et le nombre d'heures qui leur est consacré par semaine.

MATIÈRES DE L'ENSEIGNEMENT :	NOMBRE D'HEURES PAR SEMAINE POUR CHAQUE COURS Classes				
	I Divᵉⁿ infʳᵉ	II	III	IV	V Divᵉⁿ supʳᵉ
Mathématiques.	4	4	3	3	
Physique	»	3	3	»	»
Chimie	»	»	»	3	3
Comptabilité et Étude des marchandises	3	3	2	2	2
Économie politique	»	»	»	»	3
Droit commercial administratif et constitutionnel.	»	»	1	3	»
Histoire.	»	»	2	2	3
Géographie	3	3	2	2	2
Langue roumaine	4	4	2	2	2
Langue française.	4	4	3	3	2
Langue italienne.	»	»	3	2	3
Langue allemande	3	3	3	3	2
Langue grecque moderne.	»	3	3	3	2
Calligraphie et Dessin	3	3	2	2	2
Hygiène.	»	»	»	»	1
NOMBRE TOTAL D'HEURES PAR SEMAINE.	24	30	29	30	30

L'enseignement est donné par 13 professeurs et les cours sont fréquentés par 132 élèves, répartis de la manière suivante :

	Div⁼⁼ inf⁽ᵉ⁾			Div⁼⁼ sup⁽ʳᵉ⁾		
Classes	I	II	III	IV	V	Total
Nombre d'élèves	38	31	23	20	20	**132**

L'âge de ces élèves varie de 12 à 20 ans.

FRAIS D'ÉTUDES. — L'enseignement est *gratuit*.

BUDGET. — Les dépenses totales annuelles s'élèvent à 60,668 fr. La Municipalité fournit gratuitement à l'École le local et le chauffage.

5. — École Communale de Commerce
de Ploiesti.

L'École Communale de Commerce de Ploiesti a été fondée, en 1874, par la Municipalité de la Ville, qui en est propriétaire.

Le diplôme de sortie donne droit au volontariat d'un an dans l'armée roumaine.

Le régime intérieur est *l'externat*.

L'École reçoit une subvention de 10,000 francs du Ministère du Commerce. Il est d'ailleurs probable qu'avant une année cet établissement sera rattaché complètement au Ministère du Commerce, et deviendra dès lors École du Gouvernement.

ENSEIGNEMENT. — La durée des études est de cinq ans. Pour entrer dans la 1re classe (div⁽ᵒⁿ⁾ inf⁽ʳᵉ⁾), il faut posséder le certificat des quatre classes primaires et être âgé de 12 ans au moins.

Le tableau suivant indique les matières enseignées et le nombre d'heures qui leur est consacré par semaine :

MATIÈRES DE L'ENSEIGNEMENT	NOMBRE D'HEURES PAR SEMAINE POUR CHAQUE COURS Classes				
	I Div^{on} inf^{re}	II	III	IV	V Div^{on} sup^{re}
Langue roumaine	3	3	3	3	3
Langue française	3	3	3	3	3
Langue italienne	3	3	3	3	3
Langue allemande	3	3	3	3	3
Langue grecque	»	3	3	3	3
Comptabilité	3	3	3	3	3
Étude des marchandises	»	»	3	3	3
Mathématiques	3	3	3	3	3
Sciences physiques	»	3	3	3	3
Géographie	3	3	3	3	3
Histoire	»	»	3	3	3
Économie politique et droit commercial	»	»	3	3	3
Hygiène	»	»	»	»	1
Dessin et calligraphie	3	3	3	3	3
NOMBRE TOTAL D'HEURES PAR SEMAINE	24	30	39	39	40

L'enseignement est donné par 13 professeurs, et les cours sont fréquentés par 103 élèves, répartis de la manière suivante :

Classes	Div^{on} inf^{re}			Div^{on} sup^{re}		
	I	II	III	IV	V	TOTAL
Nombre d'élèves	50	30	9	9	5	103

L'âge de ces élèves varie de 12 à 17 ans.

FRAIS D'ÉTUDES. — L'enseignement est *gratuit*.

BUDGET. — Les dépenses totales annuelles s'élèvent à 26,000 francs environ. La Municipalité fournit gratuitement à l'École le local, le matériel, le chauffage et l'éclairage.

RUSSIE

L'organisation de l'Instruction publique en Russie offre une grande ressemblance avec celle de l'Allemagne. Le Règlement de 1862 qui a servi de base aux réformes successivement introduites dans les établissements scolaires, a été conçu de façon à donner aux jeunes gens qui fréquentent les Écoles inférieures et moyennes une éducation qui les prépare à toutes les carrières.

Nous trouvons en Russie deux sortes d'Écoles primaires : les *Écoles élémentaires de village* et les *Écoles élémentaires de ville.*

La durée des cours est de 2, 3 ou 4 ans.

Les Écoles élémentaires de village, les plus nombreuses, sont fréquentées par les enfants du peuple ; on y enseigne : la Religion, la Langue maternelle, la Lecture, l'Écriture, l'Arithmétique et le Chant.

Les Écoles de ville sont des écoles primaires supérieures.

L'enseignement secondaire se donne dans les *Progymnases,* où la durée des études est de 4 années, et dans les *Gymnases,* où elle est de 8 ans.

Les élèves qui en sortent sont aptes à suivre les cours des Universités ou des Écoles spéciales.

A côté de cet enseignement classique qui prépare aux carrières libérales, on a été amené à créer des établissements où l'on forme des sujets pour le Commerce et l'Industrie; ce sont les *Écoles réales* ou *professionnelles*.

Nous n'avons pas à faire ressortir ici l'utilité de cette création, qui doit faire prochainement l'objet de modifications importantes, mais nous devons constater qu'elle a été accueillie en Russie avec la plus grande faveur, et que les Municipalités ont rivalisé de zèle pour assurer le succès des Écoles réales, qui ne sont autre chose que des établissements d'enseignement secondaire spécial.

Leur but est nettement défini. Ils donnent une instruction générale pratique, et sont fréquentés par tous les jeunes gens qui veulent, à l'âge de 16 à 17 ans, entrer dans l'Industrie, dans les Affaires ou dans les Divisions supérieures des Écoles de Commerce.

Ces Divisions supérieures prennent le nom de 5e et 6e classe, et se divisent chacune en 2 sections, dont l'une est la *Division Commerciale* et l'autre la *Division pour l'Industrie*, à laquelle on donne aussi le nom de *Division fondamentale*.

Les cours de la *Division commerciale* ont pour but de compléter les connaissances déjà acquises dans les quatre premières années d'études de l'École réale et de perfectionner surtout l'étude de deux langues vivantes. On y enseigne aussi la Tenue des livres, la Comptabilité et les autres matières dont l'ensemble constitue la Science commerciale.

Les cours de la *Division fondamentale* embrassent la Physique, la Chimie, l'Histoire naturelle. Les élèves qui les suivent étudient les Mathématiques pures et appliquées, la Mécanique, le Dessin, la Géométrie descriptive, etc., en un mot toutes les matières qui sont indispensables pour subir les examens d'entrée des Écoles spéciales supérieures.

En résumé, les jeunes gens qui, à 16 ou 18 ans, ont suivi avec succès les cours de la Division commerciale ou ceux de la Division fondamentale, sont à même d'entrer, soit directement dans le Commerce ou l'Industrie, soit dans d'autres établissements spéciaux qui préparent aux positions élevées de ces deux carrières.

On voit que cette organisation est excellente et on comprend dès lors que les Écoles réales se soient multipliées dans toute l'étendue de l'empire.

Nous ajouterons que les États provinciaux, les Corporations, les Sociétés et les particuliers ont le droit de fonder, à leurs frais ou avec une subvention de l'État, des Écoles réales dont les cours soient appropriés à des besoins spéciaux : d'où la création d'Écoles commerciales et d'Écoles industrielles moyennes qui rendent les plus grands services au pays. Ces Écoles privées sont investies des mêmes droits que les Écoles réales fondées par l'État, à la condition que les personnes qui y sont attachées soient agréées par le Gouvernement.

Nous donnons ci-après des notices relatives aux Écoles commerciales de *Moscou*, d'*Odessa*, de *Saint-Pétersbourg*, de *Riga* et de *Varsovie*.

		NOMBRE D'ÉLÈVES
1 Moscou	Académie pratique des Sciences commerciales.	330
2 Odessa	École de Commerce.	275
3 Saint-Pétersbourg	École de Commerce.	451
4 Riga	École polytechnique, avec Division commerciale.	108
5 Varsovie	École de Commerce privée	250
	TOTAL.	1414

1. — Académie pratique des Sciences commerciales de Moscou.

L'Académie pratique des Sciences commerciales de Moscou a été fondée, en 1810, par une Association de commerçants de la Ville, connue aujourd'hui sous le nom de « Société des Amis de l'Enseignement commercial ».

Depuis 1871, la Société de Crédit mutuel de Moscou donne à l'Académie 5 0/0 de ses bénéfices nets annuels.

Cet établissement est placé sous la haute direction du Ministre des finances et le Conseil d'administration est actuellement présidé par un Négociant de Moscou.

L'Académie compte environ 70 boursiers.

Le diplôme délivré après la VIe année d'études donne droit au volontariat d'un an dans l'armée russe.

L'Académie reçoit des élèves *internes* et des élèves *externes*.

ENSEIGNEMENT. — L'Académie comprend une année préparatoire et 6 années d'études normales dont les programmes répondent à peu près à celui des écoles réales allemandes. Après les 6 années d'études, les élèves peuvent suivre un cours spécial de Commerce qui dure 2 ans.

Le tableau suivant indique les matières enseignées et le nombre d'heures qui leur est consacré par semaine:

MATIÈRES DE L'ENSEIGNEMENT :	NOMBRE D'HEURES PAR SEMAINE POUR CHAQUE COURS								
	Enseignement secondaire							Classes spéciales Études commerciales	
	Cours prépara-toire	I	II	III	IV	V	VI	1re année	2e année
Religion.	3	2	2	2	2	2	2	1	1
Langue russe et Littérature. .	6	5	4	3	4	3	3	2	»
Langue allemande	6	6	6	6	5	5	5	3	3
Langue française.	»	6	6	6	6	5	5	3	3
Langue anglaise	»	»	»	»	4	3	3	6	5
Mathématiques.	5	4	4	4	4	4	4	»	»
Géographie	»	2	2	2	2	1	»	»	»
Histoire.	»	»	»	1	2	2	3	»	»
Physique	»	»	»	»	»	3	3	»	»
Histoire naturelle	»	»	2	2	»	2	2	»	»
Chimie et manipulations . . .	»	»	»	»	»	»	»	5	2
Mécanique.	»	»	»	»	»	»	»	2	2
Etude des marchandises. — Eléments de technologie. . . .	»	»	»	»	»	»	»	2	5
Économie politique.	»	»	»	»	»	»	»	2	2
Code commercial. . .	»	»	»	»	»	»	»	2	2
Tenue des livres et calculs commerciaux	»	»	»	»	»	»	»	4	6
Géographie et Histoire du commerce.	»	»	»	»	»	»	»	2	2
Gymnastique. .	2	2	2	2	2	2	2	1	1
Chant.	1	1	1	1	»	»	»	»	»
Dessin	2	2	2	2	»	»	»	»	»
Danse.	1	1	1	1	1	1	1	»	»
NOMBRE TOTAL D'HEURES PAR SEMAINE.	26	31	32	32	32	33	33	35	34

L'enseignement est donné par 42 professeurs, et les cours sont suivis par 330 élèves, répartis de la manière suivante :

	ENSEIGNEMENT SECONDAIRE							CLASSES SPÉCIALES Etudes commerciales		
	Cours prépre	I	II	III	IV	V	VI	1re année	2e année	Total
Nombre d'élèves	23	52	57	56	48	41	24	16	13	**330**

Les élèves qui suivent le cours spécial de Commerce sont donc au nombre de 29 seulement. L'âge des élèves varie, à l'entrée, de 9 à 11 ans, et, à la sortie, de 17 à 19 ans.

FRAIS D'ÉTUDES. — Les internes paient 500 roubles papier (1.250 fr.) par an (vêtement compris).

Les demi-pensionnaires qui prennent le déjeuner à l'Académie paient 300 roubles papier (750 fr.).

Les externes qui apportent leur déjeuner paient 250 roubles (625 fr.).

BUDGET. — L'Académie est installée dans des bâtiments qui lui appartiennent et n'a pas de loyer à payer.

Les dépenses totales annuelles s'élèvent environ à 142.000 roubles papier (355.000 fr.)

NOTA. — *Il existe 2 Établissements semblables à Moscou.*

2. — École de Commerce d'Odessa.

L'Ecole de Commerce d'Odessa a été fondée, en 1862, par la Corporation des Marchands d'Odessa qui, depuis l'ouverture des cours. a déjà versé plus de 700,000 roubles (1,750,000 fr.) pour la construction de l'École et pour les frais d'exploitation.

Cet établissement, qui est placé sous la surveillance du Ministère de l'Instruction publique, ne reçoit aucune subvention de l'État ; il est entretenu exclusivement à l'aide de souscriptions annuelles *obligatoires* versées par les Membres de la Corporation des Marchands et dont le montant varie de 30 à 50 roubles (75 à 125 fr.).

Le diplôme de sortie donne droit au volontariat d'un an dans l'armée russe.

Les élèves qui obtiennent la récompense désignée sous le titre de « Grande distinction » ont droit au titre de « Citoyens honoraires ».

L'École possède :

Une bibliothèque qui contient plus de 5.000 volumes ayant coûté 13.000 roubles (32.500 fr.) ;

Un cabinet de physique contenant plus de 800 appareils ayant coûté 13.000 roubles (32.500 fr.) ;

Et un laboratoire de chimie dont l'installation est revenue à environ 5.000 roubles (12.500 fr.).

Le régime intérieur de l'École est l'*externat*.

ENSEIGNEMENT. — Les études comprennent 4 années dites classes préparatoires, et 2 années spéciales dont le programme est exclusivement commercial. Pour être admis dans la première classe préparatoire (div. infᵉ), les élèves doivent connaître les éléments de l'arithmétique, et lire et écrire le russe, le français et l'allemand.

Le tableau suivant indique les matières enseignées et le nombre d'heures qui leur est consacré par semaine :

MATIERES DE L'ENSEIGNEMENT	NOMBRE D'HEURES PAR SEMAINE POUR CHAQUE COURS					
	SECTION PRÉPARATOIRE Classes				SECTION SPÉCIALE Classes	
	I	II	III	IV	I Div⁰ⁿ inf⁰	II Div⁰ⁿ supᵉ
Langue russe	4	3	4	3	2	2
Langue française.	5	5	4	3	1	1
Langue allemande ou italienne.	2	5	4	4	2	1
Langue anglaise.	»	»	3	3	2	1
Religion.	2	2	2	2	1	1
Arithmétique commerciale	4	4	2	2	1	1
Géographie	3	4	3	3	»	»
Calligraphie	4	4	2	2	1	»
Dessin.	4	3	»	»	»	»
Algèbre	»	»	3	3	»	»
Géométrie.	»	»	3	3	»	»
Histoire	»	»	2	4	2	3
Commerce.	»	»	»		9	9
Physique	»		»		3	3
Chimie et produits commerçables.	»			»	4	4
Économie politique. . . .	»			»	2	2
Statistique et géographie coloniale	»	»	»	»	1	1
Droit commercial . . .	»	»	»	»	1	2
NOMBRE TOTAL D'HEURES PAR SEMAINE.	28	30	32	32	32	31

N. B. — Le cours de Commerce est professé en langue française et en langue allemande. Cette chaire est occupée depuis plusieurs années par M. Othon-Miller, ancien élève de l'Institut d'Anvers et vice-consul de Belgique.

L'enseignement est donné par 20 professeurs et les cours sont suivis par 275 élèves, répartis de la manière suivante :

	CLASSES PRÉPARATOIRES				CLASSES SPÉCIALES		
	I Div⁰ⁿ inf⁰	II	III	IV Div⁰ⁿ supᵉ	I Div⁰ⁿ inf⁰	II Div⁰ⁿ supᵉ	Total
Nombre d'élèves . .	62	56	60	31	39	27	275

L'âge des élèves varie de 11 à 20 ans.

FRAIS D'ÉTUDES. — La rétribution scolaire est de 70 roubles (175 fr.) par an.

Il y a environ 30 0/0 des élèves qui sont boursiers.

BUDGET. — Le budget total de l'École s'élève environ à 42.000 roubles (105.000 fr.) par an.

Le local de l'École est fourni gratuitement par la Corporation des Marchands.

3. — École de Commerce de Saint-Pétersbourg.

L'École de Commerce de Saint-Pétersbourg a été fondée, en 1772, par Procope Akinfievitch Demidoff.

Elle appartient aujourd'hui à l'État (Département des Institutions de l'Impératrice Marie).

Au 1er janvier 1885, l'École était propriétaire :

1° D'un capital de 517.855 roubles (1.294.637 fr. 50), provenant de donations et de legs ;

2° D'un terrain sur lequel est bâtie l'École et d'une valeur de 779.375 roubles (1.948.437 fr. 50) ;

3° D'immeubles de rapport évalués à 552.626 roubles (1.381.565 francs) ;

4° Enfin, d'un mobilier évalué 116.251 roubles (290.627 fr. 50).

L'École vit donc de ses propres ressources.

Elle reçoit des internes et des demi-pensionnaires.

L'École délivre des *diplômes qui donnent droit au volontariat d'un an.*

ENSEIGNEMENT. — L'enseignement comprend 6 années d'études normales et 2 années d'études spéciales, c'est celui d'une École réale auquel sont adjoints des cours de Commerce qui durent 2 ans.

Les élèves sont admis à l'âge de 10 ou 11 ans et peuvent entrer dans l'une quelconque des années d'études à la condition de subir un examen.

Le tableau suivant indique les matières enseignées et le nombre d'heures qui leur est consacré par semaine :

NOMBRE D'HEURÉS PAR SEMAINE POUR CHAQUE COURS

MATIÈRES DE L'ENSEIGNEMENT	ETUDES NORMALES Classes						ETUDES SPÉCIALES Classes	
	I Div on infre	II	III	IV	V	VI Div on supre	I Div on infre	II Div on supre
Religion	2	2	2	2	1	1	2	2
Langue russe	4	4	3	3	3	3	2	2
Langue allemande. . .	5	4	3	3	3	3	3	3
Langue française . . .	»	3	5	3	3	3	3	3
Langue anglaise . . .	»	»	5	4	4	3	3	3
Écriture	3	3	2	1	1	1	»	»
Dessin	1	2	1	1	1	»	»	»
Arithmétique	4	4	4	1	»	1	»	»
Algèbre	»	»	»	2	3	2	»	»
Géométrie	»	»	»	2	2	2	»	»
Trigonométrie. . . .	»	»	»	»	»	1	»	»
Géographie. . . .	2	2	2	2	2	2	»	»
Histoire	»	1	2	3	3	3	1	»
Physique.	»	»	»	»	3	4	2	»
Sciences naturelles . .	»	»	1	1	1	1	»	»
Chimie.	»	»	»	»	»	»	2	2
Cosmographie. . . .	»	»	»	»	»	»	1	»
Tenue des livres . .	»	»	»	»	»	»	»	5
Économie politique . .	»	»	»	»	»	»	»	4
Comptabilité commerciale.	»	»	»	»	»	»	2	»
Étude des marchandises	»	»	»	»	»	»	2	3
Législation	»	»	»	»	»	»	2	»
Droit commercial. . .	»	»	»	»	»	»	»	3
Géographie commerciale et Histoire du commerce	»	»	»	»	»	»	3	»
Correspondance commerciale	»	»	»	»	»	»	1	»
Danse	1	1	1	1	1	1	1	1
Gymnastique	2	2	1	1	1	1	1	1
NOMBRE TOTAL D'HEURES PAR SEMAINE . . .	27	30	30	30	32	32	32	32

L'enseignement est donné par 39 professeurs, et les cours sont fréquentés par 451 élèves, ainsi répartis :

	CLASSES NORMALES												CLASSES SPÉCIALES	
	I		II		III		IV		V		VI			I	II
	1re Div.	2º Div.					1re Div.	2º Div.	1re Div.	2º Div.	1re Div.	2º Div.	1re Div.	2º Div.	
Nombre d'élèves.	44	30	30	48	32	27	35	28	27	24	41	39	46		

TOTAL : 451 élèves, dont. . . { 248 internes, 203 externes.

Parmi ces jeunes gens, 121 internes et 20 externes sont boursiers. L'âge des élèves varie de 11 à 19 ans.

FRAIS D'ÉTUDES. — La rétribution scolaire est de 450 roubles (1.125 fr.) pour les internes, et de 200 roubles (500 fr.) pour les externes.

BUDGET. — Ainsi que nous l'avons déjà dit précédemment, l'École n'a pas de loyer à payer. Ses recettes annuelles s'élèvent environ à 171.663 roubles (429.157 fr. 50), et les dépenses ne dépassent pas 145.000 roubles (362.500 fr.).

4. — École Polytechnique de Riga, avec Division commerciale.
(Die Polytechnischen Schule zu Riga.)

L'École Polytechnique de Riga, fondée en 1862, a pour but de préparer les jeunes gens x carrières industrielles et commerciales. Elle forme des ingénieurs, des architectes, des agriculteurs, des négociants, etc., etc., et compte, en tout, plus de 800 élèves.

La section des élèves qui se destinent au Commerce n'a été créée qu'en 1868; elle forme une division spéciale.

L'École Polytechnique reçoit annuellement 28.000 roubles (70.000 fr.) des Corporations commerciales et 10.000 roubles (25.000 fr.) de l'État.

Le diplôme de sortie donne droit au volontariat d'un an dans l'armée russe.

Le régime intérieur de l'École est *l'externat*.

ENSEIGNEMENT. — La division des élèves qui se destinent au Commerce comprenait une année préparatoire et 3 années d'études normales (École Polytechnique).

Pour être admis dans le cours préparatoire, il fallait subir un examen sur : la Religion, la Langue allemande, la Langue russe, les éléments de la Langue française, les éléments de la Langue anglaise, l'Arithmétique, l'Histoire et la Géographie. Aujourd'hui, ce cours préparatoire a été supprimé, les Écoles de la région préparant leurs élèves à entrer directement dans la première année de l'École Polytechnique.

Pour être admis dans la première année d'études normales,

il faut être âgé de 17 ans au moins et subir un examen sur : la
Langue allemande, la Langue russe, la Langue française, la Langue
anglaise, l'Arithmétique complète, l'Algèbre du premier et du
second degré, le Binôme, la Géométrie plane, la Géométrie dans
l'espace, les Éléments de la Trigonométrie, l'Histoire, la Géographie, l'Histoire naturelle et le Dessin linéaire.

Le tableau suivant indique les matières enseignées et le nombre
d'heures qui leur est consacré par semaine :

MATIÈRES DE L'ENSEIGNEMENT :	COURS PRÉPARATOIRE. (supprimé)		ÉTUDES NORMALES — Classes.					
			I		II		III	
	1er Semestre	2e Semestre	1er Semestre	2e Semestre	1er Semestre	2e Semestre	1er Semestre	2e Semestre
Religion	2	2	»	»	»	»	»	»
Langue allemande	3	3	»	»	»	»	»	»
Langue russe	5	5	3	3	3	3	2	2
Langue française	4	4	3	3	3	3	2	2
Langue anglaise	4	4	3	3	2	2	2	2
Histoire générale	3	3	»	»	»	»	»	»
Géographie générale	2	2	»	»	»	»	»	»
Mathématiques élémentaires	6	4	»	»	»	»	»	»
Histoire naturelle	3	3	»	»	»	»	»	»
Histoire de la politique au XIXe siècle	»	»	4	»	6	»	»	»
Géographie commerciale et Histoire du Commerce	»	»	3	»	3	»	»	»
Arithmétique commerciale	»	»	4	4	2	2	»	»
Opérations des comptoirs (Comptabilité et Tenue des livres)	»	»	»	4	4	4	4	4
Physique	»	»	2	4	»	»	»	»
Chimie	»	»	2	1	»	»	»	»
Économie politique	»	»	5	5	»	10	2	4
Institutions du Commerce de Riga	»	»	»	»	»	»	»	2
Droit commercial, financier et maritime	»	»	»	»	4	4	»	»
Étude des marchandises	»	»	»	»	»	4	2	4	2
Mécanique	»	»	»	»	»	»	4	4
Dessin linéaire	»	2	»	»	»	»	»	»
Gymnastique	2	2	»	»	»	»	»	»
NOMBRE TOTAL D'HEURES PAR SEMAINE	34	34	29	27	25	34	20	18

14

Le nombre des élèves est de 108, répartis de la manière suivante :

	COURS PRÉPARATOIRE	TROIS ANNÉES D'ÉTUDES NORMALES (École Polytechnique) Section commerciale	TOTAL
Nombre d'élèves	30	78	108

FRAIS D'ÉTUDES. — La rétribution scolaire est de 140 roubles (350 francs) pour l'année préparatoire et pour les cours normaux.

5. — École de Commerce privée de Varsovie.
(Szkola Handlowa prywatna w Warszawie.)

L'École de Commerce privée de Varsovie a été fondée, en 1875, par M. Stanislas Przystanski, ex-doyen de l'Université de Varsovie, avec le concours de Léopold Kronenberg, banquier de Varsovie, qui, ayant reconnu la nécessité de donner une instruction spéciale aux jeunes gens qui se destinent au Commerce, se chargea de fournir tous les fonds nécessaires pour assurer l'existence de l'École.

Depuis la mort de Léopold Kronenberg, ses successeurs ont pris à leur charge les déficits de l'École, et, grâce à leur générosité, les différentes chaires sont occupées par les professeurs les plus distingués.

L'enseignement de l'École est fait en langue russe.

Chaque année, deux des meilleurs élèves sont envoyés et entretenus, aux frais de l'École, à l'École de Leipzig où, tout en suivant pendant un an le cours supérieur, ils peuvent se perfectionner dans la langue allemande.

ENSEIGNEMENT. — L'enseignement comprend un cours préparatoire et deux années d'études normales. Pour être admis dans la classe préparatoire, il faut avoir terminé au moins les quatre classes inférieures d'un Collège ou d'une École privée.

Le tableau suivant indique les matières enseignées et le nombre d'heures qui leur est consacré par semaine :

MATIÈRES DE L'ENSEIGNEMENT	NOMBRE D'HEURES PAR SEMAINE POUR CHAQUE COURS Classes		
	Cours prép.re	I Div.on inf.re	II Div.on sup.re
Langue russe	5	3	2
Langue polonaise	3	3	2
Langue allemande	6	6	6
Langue française	3	3	2
Géographie commerciale	2	1	»
Histoire moderne	2	2	2
Histoire commerciale	»	»	2
Mathématiques	2 Géom. 2 Algèb. } 4	1 Géom. 1 Algèb. } 2	1
Histoire naturelle	2	2	»
Physique et Mécanique	3	2	1
Chimie	»	2	2
Économie politique	»	2	2
Droit commercial	»	2	2
Arithmétique commerciale	4	4	2
Comptabilité	»	2	4
Correspondance russe et polonaise	»	1	1
Correspondance allemande	»	»	2
Étude des Marchandises	»	»	3
Calligraphie	2	»	»
NOMBRE TOTAL D'HEURES PAR SEMAINE	36	37	36

L'enseignement est donné par 19 professeurs, et les cours sont suivis par 250 élèves, ainsi répartis :

	COURS PRÉPARATOIRE		CLASSES		
	Section *a*	Section *b*	I Div.on inf.re	II Div.on sup.re	Total
Nombre d'élèves	80	55	75	40	**250**

L'âge de ces élèves varie de 16 à 21 ans.

FRAIS D'ÉTUDES. — La rétribution scolaire est de :
50 roubles (125 fr.) par an, pour le cours préparatoire.
75 roubles (187 fr. 50) par an, pour les deux cours normaux.

BUDGET. — Les dépenses totales annuelles s'élèvent environ à 18.600 roubles (46.500 fr.).

Les recettes produisent à peu près 9.000 roubles (22.500 fr.) et la différence, 9.600 roubles (24.000), constitue un déficit qui est payé par les héritiers de la famille de Léopold Kronenberg.

SUÈDE

L'organisation de l'enseignement populaire dans les États Scandinaves date du xvie siècle; rien n'a été négligé pour donner à cet enseignement tout le développement possible, et on peut dire que le résultat a été largement atteint.

L'enseignement secondaire y est également l'objet de la sollicitude du Gouvernement, et les classes laborieuses peuvent acquérir dans des établissements spéciaux les éléments d'une éducation pratique, nécessaire à tous ceux qui se destinent aux carrières *industrielles*.

C'est ainsi que l'on trouve en Suède des *Écoles techniques* et des *Écoles industrielles* où l'enseignement est à la fois théorique et pratique, et en Norvège des établissements dits *Écoles moyennes*.

Ces Écoles moyennes ont une grande analogie avec les Écoles d'enseignement secondaire spécial créées en France par M. Duruy. Les jeunes gens qui les fréquentent y reçoivent une instruction assez complète.

C'est avec intention que nous avons dit plus haut que les Écoles créées en Suède et en Norvège avaient pour objet de faciliter aux jeunes gens l'accès aux carrières *industrielles*, et que nous avons omis le mot *commercial*. C'est qu'en effet, dans le programme des cours, nous ne voyons rien qui constitue un enseignement commercial.

A l'École industrielle de Stockholm, on enseigne, il est vrai, la calligraphie et la tenue des livres; dans les Écoles moyennes de Norvège, il existe bien une classe scientifique pratique où l'on apprend, entre autres choses, l'économie politique et la comptabilité; mais c'est tout et c'est peu. A vrai dire, l'enseignement commercial n'existe pas.

Il est intéressant de remarquer que les négociants ont compris qu'il y avait une lacune à combler; car, en 1865, la Bourse de Stockholm a fondé à ses frais, dans cette ville, l'*Institut pratique de Commerce*. Cet établissement, qui est placé sous le patronage de la Société de Commerce des négociants en gros de Stockholm, a pour but de donner aux jeunes gens qui se destinent à la carrière commerciale les connaissances nécessaires, et de les initier aux travaux qui se font dans les bureaux de Commerce.

Nous donnons, ci-après, les renseignements sur l'organisation de cet Institut et de celui de Gothembourg.

PRINCIPALES ÉCOLES COMMERCIALES SUÉDOISES.

		NOMBRE D'ÉLÈVES
Stockholm	Institut pratique de Commerce de M. Franz Schartau	52
Gothembourg	Institut de Commerce	76
	TOTAL	128

1. — Institut pratique de Commerce de Franz Schartau à Stockholm.

(Franz Schartaus praktiska Handels-Institut.)

Cet Institut est placé sous le patronage de la Société des négociants en gros de Stockholm. Il a été fondé, en 1865, par la Bourse de Stockholm qui en fit tous les frais et auquel elle associa le nom de Franz Schartau, négociant en gros de Stockholm, en reconnaissance de la part qu'il prit au dénouement de la crise de 1857.

Le régime intérieur est l'*external*.

ENSEIGNEMENT. — L'Institut comprend 2 divisions :

Une classe préparatoire ;
Une classe des bureaux.

Chaque cours dure une année.

Les classes ont lieu de 8 heures et demie du matin à 3 heures de l'après-midi, et les matières enseignées sont les suivantes :

CLASSE PRÉPARATOIRE	CLASSE DES BUREAUX
Langue suédoise.	Comptabilité.
Langue anglaise.	Correspondance commerciale.
Langue allemande.	Langue suédoise.
Langue française.	Langue anglaise.
Arithmétique.	Langue allemande.
Géographie.	Langue française.
Calligraphie.	Arithmétique commerciale.
	Géographie.
	Étude des marchandises.
	Économie politique.
	Calligraphie.

Pour être admis dans la classe préparatoire, les candidats doivent justifier qu'ils ont suivi les cinq classes d'une école primaire.

L'admission dans la classe des bureaux a lieu à la suite d'un examen.

Il est délivré des certificats à la fin de chacun des cours.

L'Institut est fréquenté par 52 élèves, qui ont de 15 à 25 ans.

FRAIS D'ÉTUDES. — La rétribution pour chaque année scolaire est de 225 couronnes (310 fr. 50).

BUDGET. — Les dépenses totales s'élèvent à 16.000 couronnes (22.080 francs) par an.

L'École reçoit, de la Société des négociants en gros de Stockholm, une subvention de 7.000 couronnes (9.660 francs).

2. — Institut de Commerce de Gothembourg.
(Göteborgs-Handels-Institut.)

L'Institut de Commerce de Gothembourg a été fondé, en 1826, par la Municipalité et par l'Union des commerçants de Gothembourg.

Cet établissement reçoit une subvention annuelle de 3.000 couronnes (3.990 fr.) Il présente cette particularité que, depuis 3 ans,
il est fréquenté par des élèves des deux sexes qui sont instruits
en commun. Suivant l'opinion - du docteur Herman Ornmark,
Directeur de l'École, « cette disposition n'a provoqué, jusqu'à présent, aucun inconvénient; il semble, au contraire, que la présence
des jeunes filles exerce une très bonne influence sur les manières
des jeunes gens. »

ENSEIGNEMENT. — La durée des études est de 3 ans. Pour être
admis en Iʳᵉ année, les élèves doivent être âgés de 16 ans environ et posséder des connaissances générales en Allemand, en
Français, en Anglais, en Histoire, en Géographie, en Arithmétique
et en Algèbre.

Le tableau suivant indique les matières enseignées et le nombre
d'heures qui leur est consacré par semaine :

	NOMBRE D'HEURES PAR SEMAINE POUR CHAQUE COURS Classes.		
MATIÈRES DE L'ENSEIGNEMENT :	I Divⁿ infʳᵉ	II	III Divⁿ supʳᵉ
Langue suédoise	2	1	1
Langue allemande	5	4	3
Langue française	8	8	5
Langue anglaise	5	5	4
Histoire	1	1	1
Géographie	1	1	2
Droit commercial	»	»	2
Économie politique générale	»	»	} 2
Économie nationale	»	»	
Science du commerce, Comptabilité et Travaux de comptoirs	»	3	7
Arithmétique	3	5	»
Algèbre	2	2	1
Physique	1	1	»
Chimie	2	»	»
Étude des marchandises	»	2	3
Calligraphie	2	»	1
Sténographie	1	»	»
NOMBRE TOTAL D'HEURES PAR SEMAINE :	33	33	32
Langue espagnole (facultative)	»	»	2

L'enseignement est donné par 14 professeurs, et les cours sont
suivis par 74 élèves, ainsi répartis :

Classes	Div⁰ⁿ infᵉ			Div⁰ⁿ supᵉ		Total
	I *a*	I *b*	II	III *a*	III *b*	
Nombre d'élèves.	16⁻	17	12	16	15	**76**
	dont 1 fille.	dont 2 filles.		dont 4 filles.		

L'âge de ces élèves varie de 16 à 20 ans.

FRAIS D'ÉTUDES. — Les rétributions scolaires sont de : 280 couronnes (386 fr. 40) par an pour la Iʳᵉ et IIᵉ classe ; 320 couronnes (441 fr. 60) par an pour la IIIᵉ classe.

BUDGET. — L'école est propriétaire des bâtiments dans lesquels elle est installée ; elle n'a donc pas de loyer à payer.

Les dépenses totales annuelles s'élèvent à environ 25.000 couronnes (34.500 fr.).

SUISSE

L'organisation de l'Instruction publique en Suisse présente un caractère tout spécial qui s'explique par l'autonomie dont jouissent les différents cantons qui composent la Confédération.

Depuis quelques années, le Gouvernement fédéral a proclamé l'obligation de l'instruction primaire et sa gratuité. En conséquence, il existe, dans chaque canton, des Écoles publiques placées sous la direction de l'autorité civile, et fréquentées par des enfants appartenant à toutes les classes de la société, depuis l'âge de 6 ans jusqu'à celui de 11 ou 12 ans. Nous ne parlerons pas ici des établissements d'enseignement classique, qui s'adressent à un public spécial, mais nous appelons l'attention sur les *Écoles secondaires,* les *Écoles réales,* les *Écoles de district* et les *Écoles industrielles* qui se rattachent toutes à l'École primaire obligatoire. Ces Écoles, très nombreuses, et dont l'organisation diffère beaucoup suivant les tendances politiques et économiques des divers cantons, sont fréquentées par les enfants de la classe moyenne qui veulent acquérir les connaissances pratiques indispensables aux *carrières industrielles et commerciales.*

En général, ces Écoles réales, entretenues par les villes et les administrations cantonales, sont gratuites. On y entre à 12 ou 14 ans, et la durée des études est de 2 à 6 ans.

Pendant les deux ou trois premières années, les élèves reçoivent un enseignement général, ou préparatoire, qui comprend : la *religion*; les *langues modernes* (français, anglais, allemand, italien); l'*arithmétique*; l'*algèbre*; la *géométrie*; l'*histoire*; la *géographie*; la *comptabilité*; le *calcul commercial*; la *calligraphie*; la *physique*; l'*histoire naturelle*; le *dessin linéaire*; le *dessin d'imitation*; la *gymnastique*.

Les jeunes gens qui veulent compléter leurs études et qui sont en âge de choisir leur carrière, entrent alors, soit dans la *Division industrielle*, soit dans la *Division commerciale*.

La section industrielle ou·technique comprend généralement 3 années de cours, tandis que la section commerciale n'en comprend qu'une.

Les élèves de la section commerciale suivent, avec les élèves de la section industrielle, les cours suivants : *histoire* (2 heures par semaine); *chimie* (2 heures par semaine); *histoire naturelle* (2 heures par semaine); *langue allemande* (3 heures par semaine); *langue française* (4 heures par semaine); *langue italienne* 3 heures par semaine); *langue anglaise* (3 heures par semaine); *gymnastique* (2 heures par semaine). Ils suivent, en outre, des cours spéciaux sur les matières suivantes : *Sciences commerciales* (2 heures par semaine); *calcul appliqué au Commerce* (2 heures par semaine); *comptabilité* (2 heures par semaine); *travaux des comptoirs* (2 heures ·par semaine); *correspondance commerciale française* (1 heure par semaine).

Dans certains Gymnases, c'est-à-dire dans certains établissements d'enseignement classique, on trouve également cette section commerciale qui constitue une sorte d'enseignement supérieur comprenant l'étude des *Sciences commerciales*, de la *comptabilité*, des *marchandises*, de l'*économie politique*, de la *géographie commerciale*, etc. On y exerce également les élèves aux *travaux de bureau*, à la *correspondance commerciale*, etc., etc.

Mais il faut bien reconnaître que le nombre des élèves qui fréquentent ces cours complémentaires est très faible.

L'enseignement général donné dans les Écoles industrielles de tous les degrés, qui sont des établissements d'enseignement secondaire, est essentiellement pratique; les programmes sont rédigés

de façon à préparer, dans l'espace de quelques années, les jeunes
gens aux carrières industrielles ou commerciales.

Aussi, ne faut-il pas s'étonner que la plupart des élèves considèrent comme superflu de consacrer deux ou trois années de plus
à leur instruction ; et, comme le nombre de ces établissements est
considérable, ainsi que nous l'avons déjà fait remarquer, il en résulte que la Suisse peut fournir, chaque année, une armée d'employés qui, ne trouvant pas dans leur propre pays des débouchés
suffisants, viennent s'établir dans les pays voisins, et principalement en France.

Nous donnons ci-dessous, à titre de renseignement, le programme des matières commerciales enseignées dans l'École industrielle de Lausanne, qui est réputée comme une des plus sérieuses.

Division inférieure.
IIIᵉ Classe. — Élèves de 12 à 13 ans :

COMPTABILITÉ : (1 heure par semaine). Factures simples relatives au Commerce. — Emballage, tare et réductions diverses sur
les factures. — Lettres de voiture. — Comptes d'artisans.

CALLIGRAPHIE : (2 heures par semaine).

IIᵉ Classe. — Élèves de 13 à 14 ans.

COMPTABILITÉ : (1 heure par semaine). Définitions les plus
essentielles relatives au Commerce et à la Comptabilité. Calcul du
prix de revient des articles de commerce et des produits industriels.
— Méthodes pratiques pour le calcul des intérêts. — Comptes
courants par la méthode directe, sans nombres rouges.

CALLIGRAPHIE : (2 heures par semaine).

Iʳᵉ Classe. — Élèves de 14 à 15 ans.

COMPTABILITÉ : (2 heures par semaine). Effets de commerce.
— Comptes courants. — Tenue des livres en partie simple et en
partie double. — Établissements d'inventaires.

CALLIGRAPHIE : (2 heures par semaine).

GÉOGRAPHIE : (3 heures par semaine.) Géographie commerciale et industrielle de la Suisse et de l'Europe : situation, division physique et politique de chaque pays ; ses productions naturelles utiles, son industrie, sa population, ses principaux ports et centres industriels ; ses voies diverses de communication ; ses articles d'importation et d'exportation ; valeur moyenne de son commerce. — Grandes routes commerciales de terre et de mer ; services maritimes. — Origines des principales matières premières employées en Europe.

COMPTABILITÉ : (5 heures par semaine). Calculs des intérêts par les méthodes pratiques usitées dans le Commerce. — Factures. — Lettres de change et billets de change. Escompte sur facture : escompte des billets de Commerce. — Bordereau d'escompte ; échéance moyenne. — Change. — Cote et calcul de la cote. — Diverses espèces de sociétés commerciales. — Actions et Obligations. — Fonds publics. — Opérations de Bourse. — Comptes courants à intérêts par les méthodes principales.

CONNAISSANCE DES MARCHANDISES : (2 heures par semaine, pendant 2 ans). — Textiles, matières tinctoriales et tannantes. Corps gras, matières gélatineuses. Peaux. Produits de la fermentation. Substances alimentaires. Condiments. Parfums et drogues. Fécules. Sucres. Gommes. Essences. Camphres. Baumes. Résines. Engrais. Combustibles, éclairage, produits de la distillation sèche. Acides, bases et sels.

ÉCONOMIE POLITIQUE : (2 h. par semaine, pendant 6 mois). — Considérations générales. Théorie de la richesse sociale. Loi de l'offre et de la demande. Valeur et prix vénal. Numéraire et monnaie. Capital et revenu. Étude des divers éléments de la production. Théorie de la production des richesses. Principes de la division du travail. Industrie agricole, manufacturière, commerciale. Crédit, banques et associations de crédit. Associations et assurances. Théorie de la répartition de la richesse : l'homme et la société. De l'Égalité et de l'Inégalité naturelle. Théorie morale de la propriété et de l'impôt. Rapport des conditions de la production avec les conditions de la répartition de la richesse.

2ᵉ année. — Élèves de 16 à 17 ans.

GÉOGRAPHIE: (3 h. par semaine). — Géographie commerciale et industrielle de l'Asie, de l'Afrique, de l'Amérique et de l'Océanie. Les grandes routes du Commerce. Force productrice des différents États. Lieu de provenance des principales denrées ou matières premières importées en Europe. Lieux de destination des principaux produits manufacturés exportés d'Europe.

COMPTABILITÉ : (5 h. par semaine). — Revision des principes fondamentaux de la tenue des livres. Méthodes employées habituellement. Livres indispensables et livres auxiliaires. Tenue des livres en partie simple. Tenue des livres en partie double avec un exercice pratique développé. Comptes généraux. Compte obligé d'un associé; comptes libres ; comptes de levées. Vérification des écritures par la balance. Recherches des erreurs. Détermination du gain net ou de la perte nette. Clôture des comptes; leur réouverture à nouveau. Établissement de l'inventaire et du bilan. Ouverture d'une comptabilité. Liquidation. Des banques en général et des établissements de crédit. Intérêts composés, annuités et amortissements. Correspondance commerciale.

CONNAISSANCE DES MARCHANDISES : (2 h. par semaine). — Voir le programme de la section commerciale, 1ʳᵉ année.

LÉGISLATION : (2 h. par semaine, pour 6 mois seulement). — Droit usuel. Législation industrielle, commerciale et agricole.

Voici comment se répartissaient, en 1885, les élèves de l'École de Lausanne, suivant ces différents cours :

Divᵒⁿ infʳᵉ	3ᵉ classe	74 élèves.
(Sections comm. et indust. réunies)	2ᵉ classe	63 —
	1ʳᵉ classe	60 —
Divᵒⁿ supʳᵉ	1ʳᵉ année	47 —
(Sections commerciales distinctes)	2ᵉ année	13 —
	Total . . .	**257** élèves.

ÉTATS-UNIS D'AMÉRIQUE

Après avoir exposé aussi complètement que possible les principes qui ont servi de base à l'organisation de l'Enseignement commercial dans les principaux pays de l'Europe, il nous a paru utile d'indiquer très succinctement ce qui a été fait dans cet ordre d'idées par les États-Unis d'Amérique.

Ce pays possède une organisation scolaire essentiellement pratique, et tout à fait en rapport avec l'esprit démocratique du peuple américain.

Dans tous les États de l'Union, l'éducation publique est la même pour les deux sexes : la *gratuité* en est la base fondamentale.

Les *Écoles publiques* ouvertes à tous les enfants, depuis l'âge de cinq ans jusqu'à dix-huit ans, sont organisées de façon à assurer aux jeunes gens de toute condition l'instruction la plus large et la plus libérale. Elles embrassent notre enseignement primaire à tous les degrés, une partie de l'enseignement de nos collèges et de nos lycées, et peuvent ainsi être assimilées au Collège Chaptal de Paris.

Les élèves y apprennent : les mathématiques, les sciences physiques et naturelles, l'histoire, la géographie, la langue maternelle et les langues vivantes.

Aussi les jeunes gens qui sortent des Écoles publiques à seize ou dix-sept ans, après avoir parcouru le cercle entier de ces pre-

15

mières études, se trouvent-ils suffisamment préparés pour suivre l'enseignement des Collèges et des Universités, s'ils aspirent aux professions libérales.

Si, au contraire, leurs goûts ou les nécessités de l'existence les portent vers les carrières professionnelles, ils se trouvent déjà en possession d'une instruction presque suffisante, et ils peuvent acquérir très promptement les connaissances spéciales qui leur manquent.

Indiquons maintenant la marche suivie dans l'un ou l'autre de ces deux cas.

Les jeunes gens qui se destinent aux carrières libérales sont admis, au sortir des *Écoles publiques*, dans les *Collèges* de l'État ; ils y restent deux ou trois ans et se livrent à des études littéraires, philosophiques et scientifiques, qui les mettent à même d'obtenir les grades de *docteur en théologie*, de *docteur ès sciences*, de *docteur ès lettres*, de *docteur en droit* et de *docteur en médecine*, ou d'entrer dans les grandes Écoles spéciales établies pour l'enseignement de l'agriculture, des arts mécaniques, des beaux-arts, du génie civil et militaire.

A côté des Écoles publiques, nous trouvons aussi les *Académies* fréquentées par des jeunes gens qui n'ont pas passé par l'École publique, ou du moins qui ne sont restés que dans les classes élémentaires.

Les jeunes gens qui veulent entrer dans les affaires, et c'est le plus grand nombre, complètent leur instruction dans des établissements spéciaux appelés *Business Colleges* (Collèges d'affaires), *Commercial Colleges* (Collèges commerciaux), ou bien suivent tout simplement des cours commerciaux faits pendant la journée ou le soir dans ces Écoles, dans les Universités et les Collèges.

Les *Business Colleges* ou *Commercial Colleges*, qui sont fort nombreux sur toutes les parties du territoire des États-Unis, présentent de grandes différences dans leur organisation.

Certains de ces établissements peuvent être comparés à nos Écoles professionnelles ou aux Écoles réales allemandes ; d'autres offrent une grande ressemblance avec nos Écoles commerciales (Écoles de Commerce de Lyon, de Marseille, de Bordeaux, de Rouen, etc...). Mais ce qu'il importe de faire remarquer, c'est que, dans toutes ces Écoles indistinctement, les cours sont exclusivement pratiques et assez élémentaires pour qu'ils puissent être suivis avec fruit par les élèves sortant des Écoles publiques.

La clientèle de ces Écoles de commerce (*Business Colleges* et *Commercial Colleges*) se recrute généralement dans la bourgeoisie peu aisée ; cependant, depuis quelques années, ces établissements sont fréquentés par des jeunes gens appartenant à des familles riches.

On sait qu'en Amérique l'instruction des femmes est fort développée : on ne sera donc pas étonné d'apprendre que les *Business Colleges* sont tous ouverts aux deux sexes et que plusieurs cours sont faits par des femmes.

Il est bon, toutefois, de remarquer que le nombre des étudiants est supérieur à celui des étudiantes.

Un point nous paraît digne d'être signalé dans l'organisation des établissements qui nous occupent : on s'est attaché à diminuer, dans la plus grande mesure possible, le temps que l'élève doit consacrer à acquérir les connaissances pratiques qui constituent l'Enseignement commercial complet, et on a distribué les cours de telle façon que les jeunes gens qui n'ont pas le loisir de les suivre tous, puissent néanmoins acquérir un ensemble de connaissances qui leur soient profitables.

C'est ainsi que la durée totale des cours dépasse rarement une année ; souvent elle n'est que de quelques mois.

Dans certains établissements ouverts toute l'année, les auditeurs se renouvellent jusqu'à trois ou quatre fois par an.

Nous donnons ci-dessous un tableau indiquant : le nombre des Écoles de Commerce existant aux États-Unis, le nombre des Maîtres attachés à ces établissements, et, enfin, le nombre des Élèves qui suivent les cours. Ces documents, qui nous ont été communiqués par M. Paul Passy, un jeune savant chargé tout récemment d'une mission en Amérique, prouvent que, dans ce pays, l'Enseignement commercial a pris, depuis une quinzaine d'années, un accroissement considérable.

	1870	1871	1872	1873	1874	1875	1876
Écoles. . . .	26	60	53	112	126	131	137
Maîtres . . .	154	168	263	514	577	594	599
Élèves. . . .	3.834	6.460	8.451	22.397	25.892	26.109	25.234

	1877	1878	1879	1880	1881	1882
Écoles. . . .	134	129	144	162	202	267
Maîtres . .	568	527	535	619	794	955
Élèves. . . .	23.496	21.048	22.021	27.146	34.414	44.834

Ainsi, en 1882, il n'existait pas moins de 267, Écoles de Commerce, ayant un personnel enseignant de 955 professeurs et près de 45.000 élèves !

Aujourd'hui, ces chiffres sont probablement inférieurs à la réalité.

L'enseignement comprend les cours fondamentaux suivants : *Tenue des livres ; calligraphie ; droit commercial ; correspondance ; opérations de banque ; économie politique ; mathématiques ; assurances ; dessin ; arpentage.*

Certains établissements n'enseignent qu'une partie de ces matières. Ainsi, nous avons sous les yeux la liste des Écoles Commerciales, et nous voyons qu'il existe des cours de :

Tenue des Livres. . . . . dans 261 *Business Colleges* sur 267
Calligraphie. . . . . — 257
Droit commercial. . . . . — 244
Correspondance . . . . — 233
Opérations de banque . . . . . — 215
Économie politique. . . . . . — 162
Mathématiques. . . . . — 152
Sténographie. . . . . — 105
Assurances. . . . . — 102
Dessin. . . . . — 92
Langue allemande . . . . — 67
Télégraphie . . . . — 60
Langue française. . . . . — 48
Arpentage. . . . . — 45
Langue espagnole . . . . . . — 25

Enfin :

Les cours de Sténographie   sont suivis par 2796 élèves.
—   — Télégraphie   —   1155 —
—   — Langue allemande   —   1370 —
—   — Langue française   —   490 —
—   — Langue espagnole   —   108 —

Un fait digne de remarque, c'est que l'étude des marchandises ne figure dans le programme d'aucun de ces établissements ! C'est, à notre avis, une lacune.

De tout ce qui précède, il résulte que l'Enseignement commercial, quoique fort répandu aux États-Unis, n'est pas aussi élevé que dans la majeure partie des États européens.

L'Enseignement commercial supérieur, tel qu'il est donné dans les grandes Écoles de Commerce de Vienne et de Paris, n'existe pas en Amérique, et cette particularité s'explique facilement, si on considère le caractère spécial du peuple américain. C'est qu'en effet, en Amérique comme en Angleterre, l'initiative individuelle joue un grand rôle. La majeure partie des hommes qui ont réussi à se faire une situation dans l'Industrie ou dans le Commerce ne doivent cette position qu'à leurs efforts personnels ; aussi, sont-ils généralement enclins à vouloir que leurs enfants suivent leurs traces et soient eux-mêmes des *self-made men*, c'est-à-dire *fils de leurs œuvres*. Les jeunes gens, pourvus d'une instruction primaire solide et des quelques connaissances spéciales qui leur sont indispensables sont jetés dans la vie ; c'est à eux de profiter des leçons de la pratique pour parfaire leur éducation et améliorer ainsi leur situation matérielle.

FIN.

TABLE DES MATIÈRES

IMPRIMERIE CENTRALE DES CHEMINS DE FER. — IMP. CHAIX. — RUE BERGERE, 20, PARIS. — 7502-3

Printed in the USA
CPSIA information can be obtained
at www.ICGtesting.com
LVHW011933270723
753667LV00008B/229

9 782019 235017